楽しく学ぶ
材料力学

成田 史生・森本 卓也・村澤 剛 [著]

朝倉書店

執　筆　者

成 田 史 生	東北大学 教授	（大学院環境科学研究科）
森 本 卓 也	島根大学 准教授	（大学院自然科学研究科）
村 澤 　 剛	山形大学 教授	（大学院理工学研究科）

まえがき

　地球上に生命が誕生し，植物や動物が発達して，やがて人間はものをつくるようになった．通常これらは，なんらかのかたちで力を受けながら，壊れずにいなければならない．植物の幹はなぜ根元が太く，上端ほど細いのか．人間がつくりだしたテレビタワーも似たような形をしている．鳥はなぜ空を飛ぶことができるのか．人間がつくりだした飛行機もまた飛んでいる鳥と似た姿をしている．なぜ猫は高いところから飛び跳ねるが，象はしないのか．なぜ動物の骨は硬く，筋肉は軟らかいのか．

　数冊の書物に出会い，「材料力学」が上述の疑問に対して多少なりとも考える基礎を与え，人間のつくりだしてきたものの安全性と信頼性を保証していることに筆者らが気づいたのは最近のことである．古代ギリシアやメソポタミア文明の石などでできたアーチは，圧縮を受ける状態にあり，今なお健在している．これらがもし引張りを受ける状態にあったら，どうだったろう？　ルネサンス時代にレオナルド・ダ・ヴィンチは，針金が引張りを受けて破断するときの荷重を計測した．続いてガリレオ・ガリレイは，1633年（69歳）に地動説を捨てることを命じられて，「材料」の強度に関する研究に取りかかり，構造物の安全な寸法を解析的に定めようと試みた．ガリレオが解決できなかった問題——「材料」がなぜ荷重に抵抗したり自分自身の重さを支えたりできるのかという疑問——には，ロバート・フックが答えを見出し，そのあと「材料」の変形しにくさ・しやすさを表す弾性係数（＝応力÷ひずみ）が定義されるようになる．応力とひずみを用いずに弾性係数を説明しようとするのは非常に難解であるが，それにトーマス・ヤングが挑戦し，1807年に論文で発表している．ガリレオが「材料」の強度を研究し始めてから約200年後の1822年にようやく，オーギュスタン・コーシーによって応力とひずみの概念が生みだされた．ライト兄弟が初めての飛行に成功したのは1903年であるから，当初は空飛ぶ乗り物というより建築構造物や橋などの設計を目指し，多くの数学者が精力的に「材料力学」を研究していたに違いない．最先端の研究は船舶や鉄道に向けられ，英国海軍本部とナポレオン率いるフランス軍が「鉄の強度・剛性・安定性」を要求していたかにもみえる．

　著者らはこれまで，大学工学部において「材料力学」に関する教育と研究に携

まえがき

わり，教壇に立って2年生，3年生に「材料力学」の講義を行ってきている．「材料」は，いたるところに存在し，ときには人命にかかわる機械・構造物に利用されているが，その挙動については小学校，中学校および高等学校で学ぶことなく，その結果，大学の理工系学部で専門教育科目を受講する学生以外は「材料力学」にふれる機会が少ない．そのせいか，例えばレストランで外食中に"安全で高品質な材料"の話をしたところで，周囲は新鮮な食材の話題で盛り上がり，材料研究者の言いたいことは伝わらないことが多い．アイザック・ニュートンが論敵のフックに宛てた手紙の表現を借りていうなら，「材料力学」は幾人もの"巨人の肩の上に乗って"長い年月の中で確立されてきた学問である．その恩恵と重要性を認識して基礎をしっかり理解することは，少なくとも理工系学生にとっては必須であろう．

本書は，「材料力学」について，内容を必要最小限に絞り，身近な現象から一般的な法則まで平易かつ簡明に解説したもので，大学工学部や高等専門学校の学生を対象としている．また，機械系，材料系，電気系など学科によらず使えるように配慮した．全章において，行間で伝えたい「歴史的背景」，「先人の見方や考え方」など，ページ制限を惜しまず脚注でコメントすることに努めた．各章には図や例題を示して視覚的に理解できるように心がけ，また，演習問題をつけて読者が応用能力を高められるよう工夫した．解答はWeb (http://www.asakura.co.jp/books/isbn/978-4-254-23144-1/) 上に掲載している．限られた執筆期間であったので思わぬ誤りがあるかもしれない．読者のご叱正を請う．なお，執筆にあたっては，「材料力学」に関連する多くの優れた書物を参考にさせていただいた．それらの一部を巻末にあげ，各著者に深い謝意を表すとともに，原稿を読んで助言をくれた著者らの所属する研究室の大学院生と学部学生に心から感謝したい．

2017年3月

著者一同

目　次

第 1 章　応力とひずみ　　1
- 1.1　材料力学とは？ 1
  - 1.1.1　力とモーメントのつり合い 2
  - 1.1.2　外力と内力 4
- 1.2　応力とひずみの概念 6
  - 1.2.1　垂直応力とせん断応力 7
  - 1.2.2　垂直ひずみとせん断ひずみ 9
- 1.3　応力とひずみの関係 11
  - 1.3.1　真応力と真ひずみ 11
  - 1.3.2　応力–ひずみ線図 13
  - 1.3.3　フックの法則と弾性係数 17
- 1.4　材料力学と機械設計：安全率と応力集中 19
- 演習問題 22

第 2 章　「棒」の引張・圧縮　　25
- 2.1　引張・圧縮の静定問題 25
- 2.2　引張・圧縮の不静定問題 27
- 2.3　熱応力と自重による応力 29
  - 2.3.1　熱応力 29
  - 2.3.2　自重による応力 32
- 演習問題 33

第 3 章　「はり」の曲げ　　36
- 3.1　はりとは？ 36
  - 3.1.1　荷重の作用形態 37
  - 3.1.2　はりの支持方法 37
  - 3.1.3　はりの種類 38
- 3.2　はりのせん断力と曲げモーメント 39

目　次

3.2.1	反力と反モーメント	39
3.2.2	せん断力と曲げモーメント	41
3.2.3	せん断力図と曲げモーメント図	45
3.3	はりに生じる応力	48
3.3.1	曲げ応力	48
3.3.2	せん断応力	57
3.4	はりのたわみ	58
3.5	はりの複雑な問題	62
3.5.1	平等強さのはり	62
3.5.2	重ね合わせ法	66
3.5.3	不静定はり	67
演習問題		70

第4章 「軸」のねじり　73

4.1	丸軸のねじり	73
4.1.1	中実丸軸	74
4.1.2	中空丸軸	79
4.1.3	伝動軸の設計	81
4.2	ねじりの静定問題	82
4.3	ねじりの不静定問題	85
演習問題		88

第5章 「柱」の座屈　90

5.1	座屈とは？	90
5.2	偏心圧縮荷重を受ける柱	91
5.2.1	短柱	91
5.2.2	長柱	92
5.3	軸心に圧縮荷重を受ける柱	94
5.4	柱の設計	97
演習問題		102

第6章　組合せ応力　103
- 6.1　傾斜断面に生じる応力　103
  - 6.1.1　単軸応力　103
  - 6.1.2　平面応力　105
  - 6.1.3　主応力と主せん断応力　108
  - 6.1.4　モールの応力円　112
- 6.2　組合せ応力の問題　114
  - 6.2.1　曲げとねじりを受ける丸軸　114
  - 6.2.2　圧力を受ける薄肉構造物　115
- 6.3　3次元の応力状態　116
  - 6.3.1　3軸応力　116
  - 6.3.2　体積弾性係数　118
  - 6.3.3　弾性定数間の関係　118
- 演習問題　120

第7章　エネルギー法　122
- 7.1　ひずみエネルギーとは？　122
- 7.2　垂直応力によるひずみエネルギー　124
  - 7.2.1　引張・圧縮　126
  - 7.2.2　曲げ　126
- 7.3　せん断応力によるひずみエネルギー　127
  - 7.3.1　せん断　127
  - 7.3.2　ねじり　127
- 7.4　3軸応力によるひずみエネルギー　128
- 7.5　エネルギー原理　128
  - 7.5.1　相反定理　128
  - 7.5.2　カスチリアノの定理　132
- 演習問題　135

文　献　137

索　引　139

第1章

応力とひずみ

ガリレオ　フック　ニュートン　ヤング　コーシー

ガリレオ「なぜ人間は床を突き抜けて落ちないのだろう？」

フック「体重が床を押すから床が人間を逆向きに押しているのです．
　　　　力はどこかでなくなることはないのです．そして床の変形が力を生むのです．」

ニュートン「フックさん，私もそう思います．」

ガリレオ「床が人間を押し返すだと？　そんなことはありえない．」

ヤング「ガリレオさん，あらゆる材料は自分の重さで自分自身の寸法に比例して
　　　　縮むような圧力をつくり出すことができるのですよ．」

コーシー「ヤングさん，あなたの発言は理解に苦しみます．
　　　　　みなさん，ひずんだ床には応力というものが存在するのですよ．」

1.1 材料力学とは？

　材料力学（strength of materials / mechanics of materials）は，安全性と機能性[*1]を合理的に満たす製品を経済的に設計するための基礎学問であり，ものづくりを根底から支えている．材料力学が社会に果たす最終的な役割（材料力学の最終目標）は，輸送機器（船舶・鉄道・自動車・航空機）やエネルギー機器（発電プラント・化学プラント）などの重厚長大な機械・構造物，電子部品・半導体素子やMEMS（微小な電気機械システム）・μTAS（微小な総合化学分析システ

[*1] 安全性と機能性は相反することが多いものです．例えば安全そうな大型トラックや戦車などは，燃費が悪く，スピードもあまり出ません．

ム）などの軽薄短小なデバイス，そして家電製品や医療機器など，多岐にわたる製品の損傷や破壊を未然に防いで信頼性を保証すること[*2]である．また，使用中の製品の様々な損傷や破壊の原因を究明し，その対策を講じることも材料力学の役割の1つである．

製品設計には，安全性確保のための設計（強度設計）と機能発現のための設計（機能設計）の両方が要求される．安全性を確保してかつ機能を損なわない製品を開発するためには，最適な材料を選定し，寸法と形状を決定しなければならない．そのためには，製品に用いられる部材・部品が外部から力を受けたときに生じる材料内部の力と変形の大きさを明らかにし，それらに抵抗する材料の性質を完全に把握することが必要不可欠である．材料力学では，部材・部品をできるだけ単純化し，その①強度／強さ（破壊に対する抵抗），②剛性／こわさ（変形に対する抵抗），③安定性を評価するための概念と方法を学ぶ．

1.1.1 力とモーメントのつり合い

物体は外部から力を受けると**変形**（deformation）する[*3]．変形する物体を**変形体**（deformable body）という[*4]．変形により物体内の点はある位置からある位置まで移り，その位置の変化は**変位**（displacement）と呼ばれる．材料力学では，物体の寸法に比べて変位が十分小さい場合[*5]を対象とするため，物体が変形しても力の作用方向と作用点は変わらないものとして扱う．また，特別な場合[*6]を除き，移動と回転が許されない静止した物体のつり合い状態を考える．

物体が静止状態にあるとき，物体に作用する全ての力（ベクトル）はつり合っていなければならない．すなわち，力の総和は0である．例えば，図1.1(a)のように，物体が右端で力 P のみを受けるとき，物体は右方向に移動してしまうが，逆向きの力がある大きさで作用すると物体は静止する．この移動を阻止しようとする力 R の大きさは，軸方向の力のつり合いから

$$-R + P = 0 \quad \therefore R = P \tag{1.1}$$

[*2] 安全に効率よく機能することです．
[*3] 力を大きくしすぎると，形が元に戻らなくなったり，壊れたりします．
[*4] 反対に，変形しない物体を剛体といいます．剛体の力学は高校の物理で学びましたね．
[*5] 力をはなしたら物体が元の形に戻る場合です．
[*6] 特別な場合は，第5章で取り扱います．

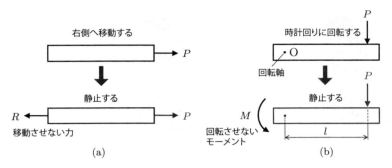

図 1.1　物体に作用する力とモーメント

となり，P に等しい[*7]．本書では，同一の平面内で左から右に向かって作用する力に正，右から左に向かって作用する力に負の符号をつける[*8]．

また，物体が静止状態にあるとき，物体に作用する全てのモーメント[*9]もつり合っていなければならない．すなわち，モーメントの総和が 0 になる．例えば，図 1.1(b) のように，点 O の回転軸（基準点）から距離 l の位置に力 P が下向きに作用すると，モーメント Pl によって物体はいつまでも回転し続けるが，ある大きさで逆向きのモーメントが回転軸に作用すると物体は静止する．この回転を阻止しようとするモーメント M は，回転軸回りのモーメントのつり合いから

$$M - Pl = 0 \quad \therefore M = Pl \tag{1.2}$$

となり，点 O に作用するモーメントと大きさが同じである．本書では，同一の平面内に作用する反時計回りのモーメントに正，時計回りのモーメントに負の符号をつける[*10]．図 1.2 は，作用する個々の力の大きさと向きが同じでもモーメントが異なる例を示している．

例題 1.1（力とモーメントのつり合い）
1. 図 1.3(a) の物体は静止している．力のつり合いから，右端に作用している力 P を求めよ．

[*7] 例えば $R > P$ のとき，物体はどうなるか想像してみましょう．
[*8] 厳密には座標系を設定して，各座標軸の矢印の向きに正の符号をつけます．
[*9] 回転を生じさせる性質を表す物理量（位置ベクトルと力のベクトルの外積）で，単位は Nm．
[*10] 厳密には座標系を設定しなければモーメントの符号を決めることはできません．本書ではこのように符号規約を宣言しておきます．

第 1 章　応力とひずみ

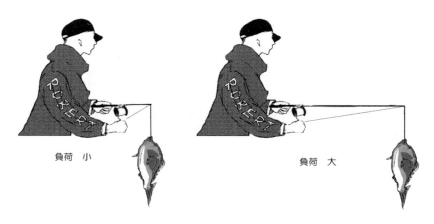

図 **1.2**　モーメントと負荷

2. 図 1.3(b) の物体は静止している．基準点 O 回りのモーメントのつり合いから，左端に作用しているモーメント M を求めよ．

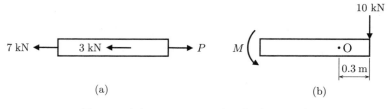

図 **1.3**　力とモーメントの求め方（例題 1.1）

【解答】
1. 左右方向の力のつり合いから
$$-7\,\text{kN} - 3\,\text{kN} + P = 0, \quad \therefore P = 10\,\text{kN}$$
2. 点 O 回りのモーメントのつり合いから
$$M - 10\,\text{kN} \times 0.3\,\text{m} = 0, \quad \therefore M = 3.0\,\text{kNm}$$

1.1.2　外力と内力

外部から物体に作用する力を**外力** (external force) という．工学的には，外力のことを**荷重** (load) という．荷重は作用形態により図 1.4 のように分類される．製

1.1 材料力学とは？

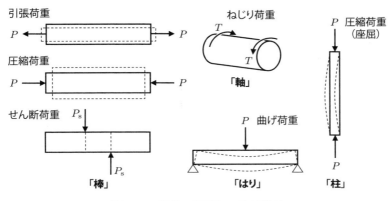

図 1.4 荷重の種類と 1 次元部材

品の構成要素は，受ける荷重の種類によりいくつかの単純な 1 次元部材（棒，はり，軸，柱）に区別される．また，荷重は時間の経過に伴い大きさが変化しない**静荷重**（static load）と時間とともに変動する**動荷重**[*11]（dynamic load）に分けられる．

外力が作用している物体が静止している場合，物体内部には必ず力が生じている．図 1.5(a) に示すように，両端に引張荷重 P を受ける静止した物体を横断面 X–X で仮想的に切断し，左の部分①と右の部分②に分けて，それぞれのつり合い状態を考える（図 1.5(b)）．仮想的に切断された断面のことを**仮想断面**と呼ぶ．①と②の仮想断面は，それぞれが静止したつり合い状態にあるため，外力 P とつり合う力 $Q = P$ を生じていなければならない[*12]．この仮想断面に生じている力 Q のことを**内力**（internal force）という．内力は，外力の作用点から十分離れた断面では一様に分布しており（図 1.5(c)），作用形態の影響を受けない[*13]．図 1.6 はこれを直感的に理解できるように示したものである．

[*11] 荷重が周期的に変化する繰返し荷重や，衝突により急激に作用する衝撃荷重を含みます．

[*12] 力はどこかで無くなることはありません．これに最初に気づいたのは，英国の物理学者で顕微鏡を使った博物学者でもあるロバート・フック（1635 ～ 1703）のようです．一方，「力の作用と反作用の大きさは等しく，向きは反対である」と言ったのは，同じく英国の偉大な科学者アイザック・ニュートン（1642 ～ 1727）です．残念ながらフックの肖像画や実験装置は残されていません．ニュートンは単位に名を残していますね．およそ 9.81 N（ニュートン）= 1 kgf（キログラム重）で，kg は物質そのものが持っている値（質量）の単位，f は force（力）の略です．ニュートンは錬金術にも関わっていたようですよ．

[*13] 棒が十分に長い場合，2 つの部分①②が互いに相手を自分の方に引っ張る力は一様であるとみなせます．これをサン–ヴナンの原理といいます．

第 1 章 応力とひずみ

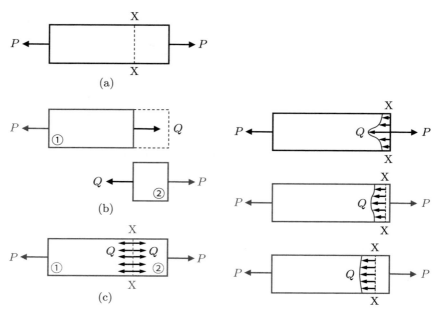

図 1.5 外力と内力のつり合い

図 1.6 内力の分布とサン–ヴナンの原理

1.2 応力とひずみの概念

　荷重（外力）を受けた部材に生じる内力と変形量は，「材料の種類」および「寸法と形状」の 2 つに関係していることは容易に想像できる．2 つの部材が同一材料であったとしても，寸法と形状が異なればそれぞれの部材に生じる内力と変形量は異なるものとなる．したがって，内力と変形量に及ぼす材料固有の性質の影響と寸法・形状の影響とを分離して，それらを定量的に評価する必要がある[*14]．寸法と形状の影響を取り除くため，材料力学では，材料内部の「任意の 1 点」の変形状態を表す尺度（応力とひずみ）を導入する[*15]．この尺度（本節）と材料固有

[*14] 例えば 2 本の同じ材質のばねに同じ荷重を加えても，ばねの長さによって伸びる量は異なってしまいます．したがって，「荷重 ÷ 伸び」の値も異なります．

[*15] 「材料内部のある 1 点に生じる内力と変形量の状態を表す概念（1.2.1 項以降で登場する応力とひずみ）」は，フランスの大数学者で物理学者でもあるオーギュスタン・コーシー（1789 〜 1857）によって論文（1822 年）で発表されました．フランス革命が本格的に始まった年に生まれたコーシーは，軍人を目指して 16 歳のときパリ高等理工学校に入学しましたが，初代

の破壊に対する抵抗を表す尺度 (1.3 節) とを比較することで, 強度設計 (1.4 節) を行うことが可能となる.

1.2.1 垂直応力とせん断応力

単位面積あたりの内力は, **応力** (stress) と呼ばれ, 次式で定義される.

$$応力 = \frac{内力}{基準面積} \tag{1.3}$$

応力の単位 (SI 単位) には, Pa または N/m^2 が用いられる[*16].

図 1.7(a) に示すように, 一様な断面積 A の丸棒を考え, 引張荷重 P を軸線に沿って作用させる. この棒を断面 X–X で仮想的に切断してみると, 図 1.5(c) に示したように, 断面には外力 P とつり合う力 (内力) $Q = P$ が生じている. この棒の断面に垂直に作用する単位面積あたりの内力を**垂直応力** (normal stress) といい,

$$\sigma = \frac{Q}{A} = \frac{P}{A} \tag{1.4}$$

で表す. 断面から外向きに生じている垂直応力は**引張応力** (tensile stress) と呼ばれる. 外力 P が棒を圧縮するように作用している場合 (圧縮荷重), 図 1.7(b) のように, 垂直応力が断面から棒の内部へ向かった方向に生じ, この垂直応力を

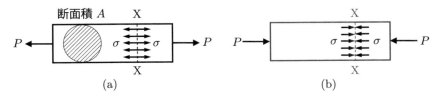

図 **1.7** 引張応力と圧縮応力

校長のジョゼフ゠ルイ・ラグランジュ (1736 〜 1813；1799 年メートル法制定) や教師のピエール゠シモン・ラプラス (1749 〜 1827) に勧められ数学者に転向. 当時, 湾岸整備が急務の課題で, 皇帝ナポレオンの下, 土木技師としても活躍したようです.

[*16] 流体中で 3 次元的に作用する圧力と同じ単位です. フランスの科学者・哲学者であるブレーズ・パスカル (1623 〜 1662) の名前が由来です. この流体力学における面への圧力という考え方を, 物体内の圧力は必ずしも面に垂直でないと仮定して拡張したものが応力です. 第 6 章で説明します.

圧縮応力（compressive stress）という．通常，圧縮応力には負の符号をつけて表し，引張応力と圧縮応力を区別する．

例題 1.2 （垂直応力）
1辺の長さ a の正方形断面を持つ角材が質量 5 t の物体を積載するとき，圧縮応力が $2\,\mathrm{MPa} = 2 \times 10^6\,\mathrm{Pa}$ となるような a の値を求めよ．

【解答】 式 (1.4) から $\sigma = Q/A = P/a^2$ であるので，1辺の長さは
$$a = \sqrt{P/\sigma} = \sqrt{(5000 \times 9.81)/(2 \times 10^6)} = 0.157\,\mathrm{m} = 157\,\mathrm{mm}$$ ∎

図 1.8(a) に示すような断面積 A の丸棒の横断面に，平行で大きさの等しい2つの外力 P_s を互いに逆向きに作用させる場合を考える．このとき，荷重の作用点の間に位置する仮想断面 X–X を境目にした上下の部分①②は断面に沿って互いにずれを起こそうとし（図 1.8(b)），このずれに抵抗する内力 $Q_\mathrm{s} = P_\mathrm{s}$ が断面に沿って生じる．この面に沿って作用する単位面積あたりの内力をせん断応力（shearing stress）といい，次式で表す．

$$\tau = \frac{Q_\mathrm{s}}{A} = \frac{P_\mathrm{s}}{A} \tag{1.5}$$

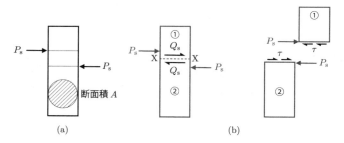

図 **1.8** せん断応力

例題 1.3 （せん断応力）
図 1.9に示すように，2枚の板をリベットで結合した重ね継手を考える．$P_\mathrm{s} = 100\,\mathrm{N}$ の力で引っ張るとき，直径 $d = 3\,\mathrm{mm}$ のリベットに生じるせん断応力を求めよ．ただし，摩擦力を無視し，板の曲げ変形がないものと仮定する．

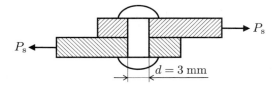

図 **1.9** リベットのせん断(例題 1.3)

【解答】 リベットに作用する内力は $Q_\mathrm{s} = P_\mathrm{s}$ となるから,リベットに生じるせん断応力は式 (1.5) より[*17]

$$\tau = \frac{P_\mathrm{s}}{\pi(d/2)^2} = \frac{4 \times 100}{\pi(3 \times 10^{-3})^2} = 14.1\,\mathrm{MPa} \qquad ■$$

1.2.2 垂直ひずみとせん断ひずみ

単位長さあたりの変形量をひずみ(strain)といい,次式で定義する.

$$ひずみ = \frac{変形量}{基準長さ} \tag{1.6}$$

単位はなく,無次元量[*18]である.

図 1.10(a) に示すように,長さ l,直径 d の丸棒が引張荷重 P を受けて,軸方向に**伸び**(elongation)λ を生じ,全長が $l + \lambda$ になったとする.このとき,変形前の長さに対する断面に垂直方向の変形量(伸び)を**垂直ひずみ**(normal strain)といい,次式で表す.

$$\varepsilon = \frac{(l + \lambda) - l}{l} = \frac{\lambda}{l} \tag{1.7}$$

また,荷重と垂直な方向に断面積は変化し,直径は**収縮**(contraction)δ を生じて $d + \delta$ となる[*19].このとき,変形前の直径に対する変形量(縮み)を**横ひずみ**(lateral strain)といい,軸方向のひずみ ε を**縦ひずみ**(longitudinal strain)といって区別する.横ひずみは

[*17] 円周率を 3.141 として計算し,四捨五入して有効数字 3 桁で表示しました.電卓の π ボタンを用いても同じ値になりますが,結果が安全側になるように切り上げて,14.2 MPa(あるいは整数の 15 MPa)としても間違いではありません.

[*18] 次元を持たない物理量.百分率 (%) で表されることもあります.

[*19] 収縮量 δ は負の値をとります.

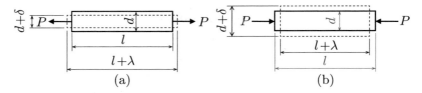

図 1.10 垂直ひずみ（引張ひずみと圧縮ひずみ）

$$\varepsilon' = \frac{(d+\delta)-d}{d} = \frac{\delta}{d} \tag{1.8}$$

で表される．丸棒が伸びたときに生じるひずみは**引張ひずみ**（tensile strain），図 1.10(b) のように縮んだときに生じるひずみは**圧縮ひずみ**（compressive strain）と呼ばれ，それぞれ正負の値をとる．

横ひずみを縦ひずみで割った値を**ポアソン比**（Poisson's ratio）といい，次式によって定義する[20]．

$$\nu = -\frac{\varepsilon'}{\varepsilon} \tag{1.9}$$

一方，図 1.11 に示すように，微小間隔 l の上面と下面の間にせん断荷重 P_s が作用すると，上面には下面に対して微小距離 λ_s のずれ（微小角度 θ のずれ）が生じる．この場合の単位長さあたりの変形量（ずれ）を**せん断ひずみ**（shearing strain）といい，次式で表す[21]．

$$\gamma = \frac{\lambda_\mathrm{s}}{l} = \tan\theta \approx \theta \tag{1.10}$$

---

[20] ポアソン比は，正の値で定義されるため，負号 "−" が付いています．15 歳までほとんど教育を受けなかったシメオン・ドニ・ポアソン（1781〜1840）は，1798 年にフランスのパリ高等理工科学校に入学し，ラグランジュやラプラスの愛弟子になりました．1802 年には，皇帝ナポレオンとともにエジプト遠征に向かったジョゼフ・フーリエ（1768〜1830）の後任として微積分を担当．ポアソンは，のちに ν が材料に固有の一定値をとることを見出し，論文（1829 年）で発表しました．

[21] θ はずれの微小角度であるから $\tan\theta \approx \theta$ と近似できます．

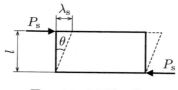

図 **1.11** せん断ひずみ

1.3 応力とひずみの関係

1.3.1 真応力と真ひずみ

　応力は式 (1.3) で定義されるが，式 (1.4) では基準面積に変形前の丸棒の断面積 A を用いた．この応力を公称応力（nominal stress）という．しかし，図 1.12 に示すように，丸棒に作用する荷重 P が連続的に増加していくと，変形中の断面積は荷重の大きさに伴って刻々と変化するため，変形中の各瞬間における真の応力は求められない．そこで，基準面積として変形中の断面積 A' を用いて真応力（true stress）を定義し，公称応力と区別することがある．式 (1.4) で与えられる公称応力 σ_n は[*22]，変形中の荷重 P を変形前の断面積 A で割ったもので，次式のように表される．

$$\sigma_n = \frac{P}{A} = \frac{変形中の荷重}{変形前の断面積} \tag{1.11}$$

一方，真応力 σ は，変形中の P をそのときの断面積 A' で割って，次式のように表すことができる．

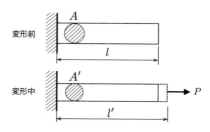

図 **1.12** 真応力と真ひずみの考え方

[*22] 1.3.1 項では，公称応力，公称ひずみに下付き添え字 n（nominal の頭文字）をつけます．

$$\sigma = \frac{P}{A'} = \frac{\text{変形中の荷重}}{\text{変形中の断面積}} \tag{1.12}$$

公称応力と真応力の違いは，基準面積として変形前の断面積 A と変形中の断面積 A' のどちらを採用するかにある．

ひずみは式 (1.6) で定義され，基準長さには変形前の丸棒の長さ l を用いた．応力と同じように，基準長さとして変形前の長さ l あるいは変形中の長さ l' を用いるかによって（図 1.12），それぞれ公称ひずみ[*23]（nominal strain）と真ひずみ[*24]（true strain）が定義される．式 (1.7) で与えられる公称ひずみ ε_n は[*22]，伸び $\lambda = l' - l$ を棒の変形前の長さ l で割ったもので，次式のように定義される．

$$\varepsilon_n = \frac{\lambda}{l} = \frac{l'-l}{l} = \frac{l'}{l} - 1 = \frac{\text{伸び}}{\text{変形前の長さ}} \tag{1.13}$$

いま，荷重 P を受けて変形中の丸棒の長さが l' から微小増分 dl' だけ伸び，長さが $l' + dl'$ となった状態を考える．真ひずみ ε を定義してみよう．定義式 (1.6) の基準長さとして，変形前の長さ l よりも変形中の長さ l' を用いる方が自然であるので，変形中のひずみの微小増分，すなわち真ひずみの増分 $d\varepsilon$ は

$$d\varepsilon = \frac{dl'}{l'} = \frac{\text{長さの増分}}{\text{変形中の長さ}} \tag{1.14}$$

と表すことができる．長さが l から l' まで変化したときの真ひずみ ε は，上式の $d\varepsilon$ を l から l' まで積分して

$$\varepsilon = \int_l^{l'} d\varepsilon = \int_l^{l'} \frac{d\xi}{\xi} = \ln l' - \ln l = \ln\left(\frac{l'}{l}\right) \tag{1.15}$$

のように表すことができる[*25]．

真ひずみ ε と公称ひずみ ε_n の関係は，式 (1.13) から l'/l を求め，式 (1.15) に代入すると，次のように表せる．

$$\varepsilon = \ln(1 + \varepsilon_n) \tag{1.16}$$

公称ひずみが微小であるとき（$\varepsilon_n \ll 1$），真ひずみは

[*23] 工学ひずみ（engineering strain）ともいいます．
[*24] 対数ひずみ（logarithmic strain）ともいいます．
[*25] l'/l を伸長比（stretch ratio）といいます．式 (1.15) 中の ln は $\log_e$ です．

$$\varepsilon \approx \varepsilon_n \tag{1.17}$$

となり*26,公称ひずみと近似的に等しくなる.すなわち,両者の区別は,材料に生じるひずみが微小な領域では必要ないが,ひずみが大きくなる領域では必要となる*27.一方,塑性変形*28が進行しているとき,変形前後で体積が保存すると考えられるので,

$$Al = A'l' \tag{1.18}$$

が成り立つ*29.これに式 (1.11) ~ (1.13) を代入すると,真応力 σ と公称応力 σ_n の関係が次式のように得られる.

$$\sigma = \sigma_n(1 + \varepsilon_n) \tag{1.19}$$

公称ひずみが微小であるとき($\varepsilon_n \ll 1$),真応力は

$$\sigma \approx \sigma_n \tag{1.20}$$

となり,真応力と公称応力は近似的に等しくなる.材料力学では,材料に生じるひずみが微小な領域を対象とするため,真応力と公称応力,あるいは真ひずみと公称ひずみを区別しないで,単に「応力」あるいは「ひずみ」と呼ぶ.

1.3.2 応力-ひずみ線図

製品を設計する上で知っておかなければならないことは,使用する材料にどの程度の応力が作用すると,元の形に戻れなくなるか,または壊れるかである.それを知るために材料の**引張試験**(tensile test)がよく行われる*30.荷重と変位(伸

---

*26 $\ln(1+\varepsilon_n) = \varepsilon_n - \varepsilon_n^2/2 + \varepsilon_n^3/3 + \cdots$.
*27 100 mm の棒が 120 mm に伸びたときのひずみを求めてみましょう.次に,100 mm の棒が 110 mm に伸びたときのひずみと 110 mm の棒が 120 mm に伸びたときのひずみを足し算してみましょう.両者は一致しますか?
*28 1.3.2 項で簡単に触れます.
*29 塑性変形は体積変化を伴わない結晶のすべり変形に起因しているからです.
*30 材料の強度を決定するため,引張試験を最初に行ったのは,ルネサンス期にイタリアで煌々と輝いた万能の天才レオナルド・ダ・ヴィンチ(1452 ~ 1519)だったようです.対象は針金で,成果はノートの中に埋もれて技術者たちには利用されませんでした.当時は,経験とその場の判断で部材の寸法を決めていたようです.

び) を計測した後に応力とひずみを求めて，材料の**応力–ひずみ線図**（stress–strain diagram）が得られる．図 1.13 は軟鋼の典型的な応力–ひずみ線図を示したもので，次のような点に特徴がある．

①**比例限度** σ_P　応力とひずみは点 P まで比例関係を保つ．点 P における応力 σ_P を**比例限度**（proportional limit）という．

②**弾性限度** σ_E　応力が点 P を越えた後は，応力とひずみの線形関係は存在しなくなるが，点 E に対応する応力までは，荷重を取り去っても材料は元の形に戻る．この応力 σ_E を**弾性限度**（elastic limit）という[*31]．応力が点 E を超えると，荷重を取り除いても材料は元の形に戻らず，ひずみが残る．このひずみを**残留ひずみ**（residual strain）または**永久ひずみ**（permanent strain），このような変形を塑性変形という．

③**降伏応力** σ_Y　さらに応力が増大して点 YU に達すると，変形に対する抵抗が急激に減少し，荷重を増やさなくてもひずみだけが増える．この現象を**降伏**（yielding）という．点 YU の応力 σ_{YU} を**上降伏点**（upper yield point），降伏が

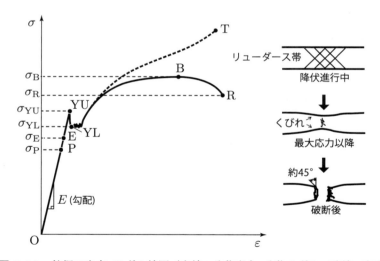

図 **1.13**　軟鋼の応力–ひずみ線図（実線：公称応力–公称ひずみ，破線：真応力–真ひずみ）と試験片

[*31] 通常，比例限度と弾性限度にはほとんど差がなく，値は計測の精度によって左右されます．

進行する一定応力状態での最小値（点 YL）σ_{YL} を**下降伏点**（lower yield point）という．一定応力で変形が進行している間，試験片の表面に**リューダース帯**（Lüders band）と呼ばれる**すべり線**（slip line）の帯が観察され，結晶粒を横断するように伝播していく．上降伏点は試験条件の影響を受けやすいので，設計上の基準応力[*32]として下降伏点を実用上の**降伏点**（yield point）とする．降伏が始まる応力を**降伏応力** σ_Y（yield stress）あるいは**降伏強度**（yield strength）という．

④**引張強さ** σ_B　降伏が進行した後，リューダース帯が試験片全体を覆い，それ以降は**ひずみ硬化**（strain hardening）あるいは**加工硬化**（work hardening）領域に入る．そして，ひずみの増大に伴って応力はゆるやかに増大し，点 B で最大値に達する．この試験片の耐えうる最大の応力 σ_B を**引張強さ**（tensile strength）または**極限強さ**（ultimate strength）という．

⑤**破断強さ** σ_R　応力が最大値に達した以降は，試験片に局部的に**くびれ**（necking）が発生し，この部分に応力が集中してやがて破断する．この点 R または点 T を**破断点**（breaking point），その時の応力 σ_R を**破断強さ**（fracture/rupture strength）という[*33]．また，破断時のひずみは，**伸び率**（elongation percentage）と呼ばれ，パーセントで表示する．

引張を受ける軟鋼は，まず引張応力の大きな中心部から荷重に垂直な方向に分離破断し，次にき裂が表面付近でほぼ 45°の方向に経路を変えて[*34]，せん断破壊する．

材料の強度と変形能を表す重要な機械的特性値は，降伏点，引張強さ，伸び率である．特に，引張強さは材料の破断までに耐えうる最大の応力で，材料の強さを表す基準の 1 つである．また，軟鋼の場合，実用上降伏点は永久変形を起こさない応力の最大値と考えてよい．一方，非鉄金属や非金属では降伏点が現れない（図 1.14）．この場合には，残留ひずみが 0.2 %になる応力 $\sigma_{0.2}$ を**耐力**（proof stress）と呼び，降伏点の代わりに設計の基準として用いる．

材料が繰返し荷重を受けると，破断強さよりもはるかに低い応力で破壊する．このような現象を材料の**疲労**（fatigue），疲労によって破壊する現象を**疲労破壊**

[*32] 1.4 節で説明します．
[*33] 破断強さは引張強さより低い場合がありますが，これは試験片破断部の断面積が減少しているからです．真応力で評価した破断強さは引張強さより大きくなります．
[*34] 6.1.1 項で簡単に考察します．

第 1 章 応力とひずみ

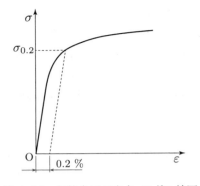

図 1.14 非鉄金属の応力–ひずみ線図

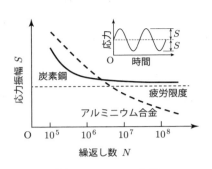

図 1.15 S–N 曲線

(fatigue fracture) という．疲労破壊では，繰返し荷重を受ける過程で材料内部にき裂が発生・進展し，最終的に破断に至る．正弦波に代表される繰返し応力の最大値と最小値の差を応力範囲といい，その 1/2 を**応力振幅**（stress amplitude）という．初期にき裂がない試験片の応力振幅 S と破断までの繰返し数[*35] N との間には相関がある．図 1.15 は応力振幅 S と繰返し数 N の関係を示したもので，S–N 曲線と呼ばれる[*36]．繰返し数のみ片対数または両対数で表示される．一般に S–N 曲線は，応力振幅の減少に伴って破断までの繰返し数が増大し，右下がりとなる．炭素鋼などの鉄鋼材料では，繰返し数が $10^6 \sim 10^7$ 回において曲線の傾きが急変し，水平となる[*37]．この限界応力を**疲労限度**（fatigue limit）という．疲労限度よりも小さな応力振幅では，材料が無限回の繰返し数に耐えられることを意味する．一方，アルミニウム合金や銅合金などの非鉄金属には，10^8 回の繰返し数でも S–N 曲線に水平部が現れない．

[*35] 支配的なき裂が発生するまでの繰返し数（全疲労寿命の 90％程度）とそのき裂が進展して最終破断が生じるまでの繰返し数の合計です．
[*36] 基礎を築いたのは，ドイツの鉄道技師アウグスト・ヴェーラー（1819 ～ 1914）です．当時，鉄道列車の車軸が突然折れるといった事故が多発していたようです．
[*37] 繰返し数 10^6 回は，自動車や列車などの車軸では約 5000 km の走行距離，普通自動車のエンジン部品では 10 時間の運転に相当するようです．

1.3.3 フックの法則と弾性係数

材料には荷重を取り去ると元の形にもどる性質がある．これを弾性（elasticity）といい，弾性を示す物体は弾性体（elastic body）と呼ばれる．また，そのような変形を弾性変形（elastic deformation）という．弾性体は，比例限度内の弾性域であれば，垂直応力 σ と垂直ひずみ ε の間に比例関係が成り立つ．これはフックの法則（Hooke's law）と呼ばれ[*38]，

$$\sigma = E\varepsilon \tag{1.21}$$

で表される．比例定数 E を縦弾性係数（modulus of elasticity）またはヤング率（Young's modulus）という[*39]．応力とひずみの関係が正比例する材料を線形弾性体（linear elastic material）と呼ぶ．

せん断変形の場合もフックの法則が成り立ち，せん断応力 τ とせん断ひずみ γ の関係は

$$\tau = G\gamma \tag{1.22}$$

で表される．比例定数 G を横弾性係数（modulus of rigidity）またはせん断弾性係数（shear modulus of elasticity）という．ひずみは無次元量であるので，弾性係数（E, G）の単位は応力と同じ単位（Pa あるいは N/m^2）である．

弾性係数（E, G）とポアソン比 ν は材料固有の値を持っている[*40]．表 1.1 に代表的な材料の弾性係数とポアソン比を示す[*41]．

[*38] フックは，様々な材料のばねに加わる力とばねの変形との関係を実験で確かめ，「力は伸びに比例する」ということを見出して，論文（1678 年）に発表しました．

[*39] 図 1.13 の直線 OP の傾きです．英国の物理学者・考古学者で医師でもあるトーマス・ヤング（1773 ～ 1829）は，応力とひずみの概念がまだない 1807 年に論文で「弾性係数」を定義しましたが，海軍本部からの手紙には「貴論文は理解不能」といった内容が書かれていたようです．弾性係数の定義は，支柱のない吊橋を構想したフランスのアンリ・ナヴィエ（1785 ～ 1836）によって 1826 年に与えられました．

[*40] 同一材料でも熱処理や加工性によって異なり，温度に依存して変化します．

[*41] 論文やデータブックの文献で，様々な機械的性質を確認できます．文献によって同じはずの値が異なっていて，どちらが本当かと困惑することがあるかもしれませんが，誤植ではありません．同一の条件で機械的性質を計測するのは容易ではありません．なお表中の「≧ ○ ○」は「○ ○ 以上」を意味します．表中の工業材料については，本章の最後で簡単にふれます．

表 1.1 工業材料の機械的性質

	密度 ρ (10^3 kg/m^3)	縦弾性係数 E (GPa)	横弾性係数 G (GPa)	ポアソン比 ν	降伏応力 σ_Y (MPa)	引張強さ σ_B (MPa)
低炭素鋼	7.86	206	79	0.30	$\geq$ 196	333〜431
中炭素鋼	7.84	205	82	0.25	$\geq$ 275	490〜608
高炭素鋼	7.82	199	80	0.24	$\geq$ 834	$\geq$ 1079
ステンレス鋼	8.03	197	73.7	0.34	284	578
ねずみ鋳鉄	7〜7.3	74〜128	28〜39			147〜343
球状黒鉛鋳鉄	7.1	161	78	0.32	377〜549	549〜686
アルミニウム	2.71	69	27	0.28	152	167
ジュラルミン	2.79	69			275	247
7/3 黄銅−H	8.53	110	41.4	0.33	395.2	471.7
チタン合金	4.43	109	42.5	0.28	1100	1170
ガラス繊維 (S)	2.43	87.3				2430
炭素繊維	1.89	392.3				2060
カーボンナノチューブ	1.3〜1.5	1000				$\leq$ 5300
塩化ビニル (硬)	1.3〜1.5	2.4〜4.2				41〜52
エポキシ樹脂	1.1〜1.4	2.4	0.88	0.37		27〜89
ガラス	2.1〜4.3	70				35〜175
木材 (ヒノキ)	0.4	8.8				71
天然ゴム	0.92〜0.93	0.0015〜0.0025				22〜32
コンクリート	2.2	20				2, 30
けい石レンガ	2.0〜2.8					25〜34

例題 1.4 (フックの法則)

直径 $d = 10$ mm,長さ $l = 50$ mm の軟鋼の丸棒に引張荷重 $P = 10.05$ kN が作用したとき,縦方向に $\lambda = 0.031$ mm 伸び,直径が $\delta = 1.86\,\mu$m 減少した.このとき,縦弾性係数 E とポアソン比 ν を求めよ.

【解答】 縦弾性係数 E は,フックの法則 (1.21) に式 (1.4) と式 (1.7) を代入し

$$E = \frac{\sigma}{\varepsilon} = \frac{\dfrac{P}{\pi(d/2)^2}}{\lambda/l} = \frac{4Pl}{\pi d^2 \lambda} = \frac{4(10.05 \times 10^3)(50 \times 10^{-3})}{\pi(10 \times 10^{-3})^2 (0.031 \times 10^{-3})}$$
$$= 2.06 \times 10^{11}\,\text{Pa} = 206\,\text{GPa}$$

と求まる[*42].ポアソン比 ν は,式 (1.9) に式 (1.7) と式 (1.8) を代入して

$$\nu = -\frac{\varepsilon'}{\varepsilon} = -\frac{\delta/d}{\lambda/l} = -\frac{(-1.86 \times 10^{-6})/(10 \times 10^{-3})}{(0.031 \times 10^{-3})/(50 \times 10^{-3})} = 0.3 \quad \blacksquare$$

[*42] できるだけ記号演算した後に数値を代入することを心がけましょう.そして,最終的な値が得られたら必ず単位を確認しましょう.

1.4 材料力学と機械設計:安全率と応力集中

身の回りの様々な製品を設計するにあたっては,製品に生じる応力が材料の強度(強さ)を超えないように,材料を選定して,寸法と形状を決定する必要がある[*43].実際に製品の材料に作用する応力を**設計応力**(design stress) σ_d または**使用応力**(working stress),安全上材料に許される最大の応力を**許容応力**(allowable stress)σ_a といい,これらは設計するうえで次の関係を満足する必要がある.

$$\sigma_d \leq \sigma_a = \frac{\sigma_r}{S}, \quad S > 1 \tag{1.23}$$

ここで σ_r は**基準強さ**(standard stress)であり,使用条件によって次のいずれかを採用する.

- 引張強さ σ_B (脆性材料[*44]が静荷重を受けるとき)
- 降伏点 σ_Y (延性材料[*44]が静荷重を受けるとき)
- 疲労限度 σ_F (繰返し荷重を受けるとき)

また,S は**安全率**(safety factor)と呼ばれ,材料が応力の作用下で安全性を保持するための余裕係数である.安全率が小さすぎると材料が破壊する可能性があり,大きすぎると安全であるが不経済となる.

> **例題 1.5** (許容応力)
> 1000 kg の自動車を軟鋼の丸棒で吊るすとき,安全率を $S = 4$ として丸棒の直径 d を求めよ.ただし,基準強さとして引張強さ $\sigma_B = 400$ MPa を用いよ.

【解答】 自動車の質量が 1000 kg であるから,重力加速度を $g = 9.81 \,\mathrm{m/s^2}$ とすれば,引張荷重は $P = 1000 \times 9.81$ N となる.設計応力は $\sigma_d = P/A = P/(\pi d^2/4)$ であるので,式 (1.23) から

$$\frac{P}{\pi d^2/4} \leq \frac{\sigma_B}{S}, \quad \therefore d \geq \sqrt{\frac{4SP}{\pi \sigma_B}}$$

数値を代入して

[*43] 安全性を重視して高強度の材料を選定すると,価格が上がり,加工も難しくなります.また,寸法を大きくすると,材料を余分に使用するという点で不経済になり,重量も増えてしまいます.
[*44] どちらも本章の最後で簡単にふれます.

$$d \geq \sqrt{\frac{4SP}{\pi \sigma_\mathrm{B}}} = \sqrt{\frac{4 \times 4 \times (1000 \times 9.81)}{\pi \times (400 \times 10^6)}} = 11.17 \times 10^{-3} \text{ m}$$

$$\therefore d = 11.2 \text{ mm} \qquad \blacksquare$$

一様な断面の棒が軸方向に外力を受けると，図 1.16 のように，断面 X–X には一様な応力が生じることは 1.2 節で学んだとおりである．しかし，実際の製品には欠陥が存在したり，断面形状が急変する部分がある．例えば，円孔が存在する部材の応力は，円孔の中心を通る断面 Y–Y 上では一様でなくなり，孔の縁で最大となる．これを**応力集中**（stress concentration）という[*45]．また，孔から十分離れたところの応力 σ に対する最大応力 σ_max の比

$$\alpha = \frac{\sigma_\mathrm{max}}{\sigma} \tag{1.24}$$

は**応力集中係数**（stress concentration factor）と呼ばれる．円孔の場合は $\alpha = 3$ と求まるが，楕円孔を有する場合に短軸方向に引っ張ると α はさらに大きくなる．製品が破損する原因の多くは応力集中にあり，設計者には応力集中の考慮が求められる．

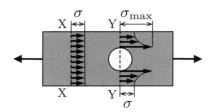

図 **1.16** 平板の円孔による応力集中

[*45] 造船学会論文集（1913 年）で発表された英国チャールズ・イングリス（1875 ～ 1952）の論文は，十分な安全率で設計された船が突然折れて沈没するといった多発事故の解明に重要な役割を果たしました．船の高速化と軽量化という要求が当時の海軍本部と造船業者に難問を突きつけていたようです．

「材料」って何？

　材料とは，何か人の役に立つものをつくるための物質です．例えば，食べ物も様々な材料からつくられています．しかし，味は使った食材とつくり方（調味料，火加減の調整，…）で異なりますね．レストランで出てきた料理の材料とそのつくり方，考えたことありますか？　ここでは，表1.1に示した工業材料について，簡単に紹介します．

　通常，高純度の鉄（Fe）は軟らかくて構造材料には適しませんので，炭素（C）などの添加物を加えます．Cの量によって鋼（0.05〜2.0％）と鋳鉄（2.0〜4.0％）に分類されますが，鋼はさらに添加物がCだけの炭素鋼と，炭素鋼に1種以上の他の金属元素を添加した合金鋼に細分されます．Cの量はσ_Yとσ_Bに大きく影響を及ぼしていますね．C含有量0.12〜0.2％の低炭素鋼は軟鋼と呼ばれ，例えば鉄筋コンクリート用の棒に使われています．一方，合金鋼のなかでもっとも身近なステンレス鋼は，クロム（Cr）を10.5％以上含むFe主成分（50％以上）の材料で，さびにくいのが特徴です．

　鋳鉄は，機械土台やマンホールの蓋などに用いられています．シリコン（Si）が多量（2〜3％）に含まれている鋳鉄は破砕面が灰黒色になるのでねずみ鋳鉄と呼ばれ，これに微量（0.05％）のマグネシウム（Mg）を添加してσ_Bを約2倍に向上させたものを球状黒鉛鋳鉄といいます．

　アルミニウム（Al）はたいてい合金で使われ，軽量で耐食性に優れた材料として知られています．Alに銅（Cu）とMgを加えた合金はジュラルミン（Alと比べるとEは変わりませんが，σ_Yとσ_Bは高くなっていますね），それよりCuとMgの量を少し増やして機械的性質を改良したものは超ジュラルミン，亜鉛（Zn）とMgを加えて最もσ_Bを高くしたAl合金は超超ジュラルミンと呼ばれ，スポーツ用品や航空機の構造材料として用いられています．ドイツのデューレン（Düren）で偶然発見されたことから，地名と元素名を繋げた名称となっているようです．

　軟らかくて構造材料に不向きなCuは電線などに用いられますが，CuにZnを混ぜると強度や加工性が向上します．この合金は黄銅（ブラス）と呼ばれ，楽器用材料として知られています．30％Zn合金を七三黄銅といいます．Zn含有量を上げると黄色度合いが増しますが，脆くなります．加工硬化を利用して強度を調整し，質別記号（例えばH）をつけるときがあります．

　チタン（Ti）とMgは，いずれも酸化皮膜をつくる軽い構造材料で，Ti合金は人体材料として，Mg合金（表1.1には示していません）は航空・宇宙機器材料として期待されています．

　ガラスの短繊維は断熱，防音材に使用され，長繊維は繊維強化プラスチックの強化材として広く用いられています．最も大量に使用されているEガラス（無アルカリ

ガラス）は，電気絶縁性が特徴の 1 つです．また，S ガラスは，E ガラスより E が約 20%，σ_B は約 35% 高いのが特徴です．一方，炭素繊維は，C 含有量 90% 以上の繊維で，繊維強化プラスチックの強化材として広く用いられています．1991 年にアーク放電からつくられるススの中から発見された直径ナノメートル (nm, 10^{-9} m) サイズの管状の C 結晶は，カーボンナノチューブ（CNT）と呼ばれ，夢の材料として期待されています（表 1.1 の値は単層 CNT の一例で，文献によって異なります）．この発見により，理論上宇宙エレベータの建設が可能となりました．

ポリ塩化ビニルは熱可塑性高分子材料（加熱すると軟らかくなる）の 1 つで，硬質なものはパイプなどに，軟質なものは合成皮革（人工皮革）などに用いられています．ほかにも，ポリエチレンやポリプロピレンが熱可塑性を示します．一方，エポキシ樹脂は，熱硬化性高分子材料（加熱すると硬くなる）の 1 つで，金属の接着剤などに用いられます．ほかにもフェノールや不飽和ポリエステルが熱硬化性樹脂です．

演習問題

1.1 直径 10 mm の丸棒に 2 kN の圧縮荷重が作用するとき，棒の軸方向の応力を求めよ．

1.2 体重 75 kg（質量）の人が直径 5 mm の針金にぶら下がるとき，針金の断面に生じる応力を求めよ．

1.3 図 1.17 に示すように，2 枚の金属板をエポキシ樹脂で接着したものに荷重 $P_s = 1\,\text{kN}$ を作用させる．接着層の厚さを 1 mm，横弾性係数を 0.88 GPa とするとき，せん断変形によって生じる引張方向のずれを求めよ．

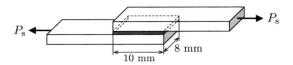

図 **1.17** 接着層のせん断（演習問題 1.3）

1.4 高さ 20 cm，1 辺 10 cm の正四角柱に 4 MN の圧縮荷重を作用させるとき，角柱の高さの減少量と断面の 1 辺の増加量を求めよ．ただし，ヤング率を $E = 206\,\text{GPa}$，ポアソン比を $\nu = 0.30$ とする．

1.5 図 1.18 の試験片を用いて引張試験を行った．試験片の軸方向に引張荷重 8 kN を作用させたところ，標点間距離が 0.12 mm 増加し，幅が 0.006 mm 減少した．このとき，引張応力，ヤング率，ポアソン比を求めよ．

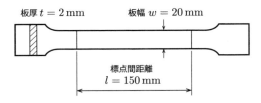

図 **1.18** 引張試験片（演習問題 1.5）

1.6 直径 2 cm，引張強さ $\sigma_B = 578\,\text{MPa}$ のステンレス鋼製ワイヤを用いて，質量 50×10^3 kg の物体を吊るしたい．安全率を 3 とするとき，ワイヤは最低何本必要となるか．ただし，重力加速度を 9.81 m/s^2 とする．

脆性，延性

(@@)：「工作でガラスの割り箸をつくったけど，割ろうとしたらすぐ折れちゃった．表 1.1 をみて木よりも引張強さの高いガラスを選んだのにどうして？」

(＾＾)：「ものを壊すには材料に荷重を加えればいいけど，材料は変形するよ．壊すには図 1.13 の面積に相当するエネルギーが必要なんだって．」

第 1 章　応力とひずみ

(@@):「ガラスは小さいから，簡単に壊れてしまうってこと？　そうか，確かこのような脆い材料って，脆性材料というんだったっけ？」
(＾＾):「そう．ちなみに木のように壊すのに必要なエネルギーが大きいものを「延性に富む」「粘い」というんだって．延性材料のことだね．」

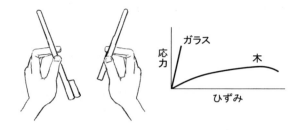

第2章
「棒」の引張・圧縮

2.1 引張・圧縮の静定問題

　軸方向に荷重を受ける部材(ワイヤ,支柱,ロッドなど)は現代社会の至るところに見出すことができる.軸方向に引張や圧縮を受けて伸びや縮みの変形をする真直な部材を**棒**(bar)という.

　図2.1に示すように,2本の異なる材料の丸棒を点Cで結合した直列組合せ棒を考える.引張荷重Pが作用しているとき,2本の棒に生じる応力とひずみ,および棒全体の伸びを求めてみよう.棒1と棒2は,それぞれ下付き添字1,2を

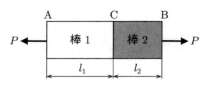

図 2.1　直列組合せ棒の引張

つけて区別し*1，長さを l_1, l_2，断面積を $A_1 = A_2 = A$，縦弾性係数を E_1, E_2 とする．

荷重方向に垂直な仮想断面に生じる内力を Q とすると，力のつり合いより*2

$$-P + Q = 0, \quad \therefore Q = P \tag{2.1}$$

となる．応力の定義式 (1.4) に式 (2.1) を代入すると，棒 1 と棒 2 に生じる応力は次式で与えられる．

$$\sigma_1 = \sigma_2 = \frac{Q}{A} = \frac{P}{A} \tag{2.2}$$

ひずみはフックの法則 (1.21) に式 (2.3) を代入して

$$\varepsilon_1 = \frac{\sigma_1}{E_1} = \frac{P}{AE_1}, \quad \varepsilon_2 = \frac{\sigma_2}{E_2} = \frac{P}{AE_2} \tag{2.3}$$

また，各棒の伸びは式 (1.7) に式 (2.3) を代入して

$$\lambda_1 = \varepsilon_1 l_1 = \frac{Pl_1}{AE_1}, \quad \lambda_2 = \varepsilon_2 l_2 = \frac{Pl_2}{AE_2} \tag{2.4}$$

となる．したがって，棒全体の伸び λ は各棒に生じる伸びを足し合わせて

$$\lambda = \lambda_1 + \lambda_2 = \frac{P}{A}\left(\frac{l_1}{E_1} + \frac{l_2}{E_2}\right) \tag{2.5}$$

と求まる．ここで，断面積 A と縦弾性係数 E の積 AE を**引張剛性**（tensile stiffness）または**圧縮剛性**（compressive stiffness）という．

---

*1 以降，特に断らない限り，同様に下付き添え字で区別します．
*2 ここでは，右向きを正としてつり合い式を立てています．

例題 2.1 （直列組合せ棒）

長さ $l_1 = 30\,\text{cm}$ の軟鋼と長さ $l_2 = 20\,\text{cm}$ の黄銅の正方形断面棒を直列に接合し，$P = 5\,\text{kN}$ の力で引っ張るとき，2本の棒に生じる応力，ひずみ，伸びおよび棒全体の伸びを求めよ．ただし，軟鋼と黄銅の縦弾性係数をそれぞれ $E_1 = 206\,\text{GPa}$，$E_2 = 110\,\text{GPa}$，1辺をそれぞれ $4\,\text{cm}$，$5\,\text{cm}$ とする．

【解答】 断面積を A，伸びを λ，応力を σ，ひずみを ε とする．軟鋼および黄銅の棒に生じる応力は

$$\sigma_1 = \frac{P}{A_1} = 3.13\,\text{MPa}, \quad \sigma_2 = \frac{P}{A_2} = 2.0\,\text{MPa}$$

それぞれの棒に生じるひずみは

$$\varepsilon_1 = \frac{P}{A_1 E_1} = 1.52 \times 10^{-5}, \quad \varepsilon_2 = \frac{P}{A_2 E_2} = 1.82 \times 10^{-5}$$

それぞれの棒に生じる伸びは

$$\lambda_1 = \frac{Pl_1}{A_1 E_1} = 4.55\,\mu\text{m}, \quad \lambda_2 = \frac{Pl_2}{A_2 E_2} = 3.64\,\mu\text{m}$$

上式より，棒全体の伸びは

$$\lambda = \lambda_1 + \lambda_2 = 8.19\,\mu\text{m}$$

■

2.2　引張・圧縮の不静定問題

図 2.2 に示すように，材料の異なる棒を並列に組み合せた並列組合せ棒を考える．断面積 A_1，縦弾性係数 E_1 の棒1と断面積 A_2，縦弾性係数 E_2 の2本の棒2が上下の剛体板[*3]に取り付けられ，剛体板を通じて引張荷重 P が作用している．各棒の長さを l として，棒1と棒2に生じる応力 σ_1，σ_2 および伸び λ_1，λ_2 を求めてみよう．

棒1と棒2に生じる内力をそれぞれ Q_1，Q_2 とすると，力のつり合いより[*4]

$$-P + Q_1 + 2Q_2 = 0, \quad \therefore Q_1 + 2Q_2 = P \tag{2.6}$$

となる．2つの未知量 Q_1，Q_2 に対して，力のつり合い式は1つしかないため，力の

[*3] まったく変形しない板のことですよ．
[*4] ここでは，鉛直方向下向きを正としてつり合い式を立てています．

つり合いだけでは未知内力を決定することはできない．そこで，変位に関する適合条件[*5]を用いる必要がある．棒1と棒2の伸び λ_1, λ_2 を考えると，適合条件は，棒1と棒2の伸びが等しいということであるから

$$\lambda_1 = \lambda_2 \tag{2.7}$$

で与えられる．式 (1.7) とフックの法則 (1.21) より，それぞれの伸びは

$$\lambda_1 = \varepsilon_1 l = \frac{\sigma_1}{E_1} l = \frac{Q_1 l}{A_1 E_1},$$
$$\lambda_2 = \varepsilon_2 l = \frac{\sigma_2}{E_2} l = \frac{Q_2 l}{A_2 E_2} \tag{2.8}$$

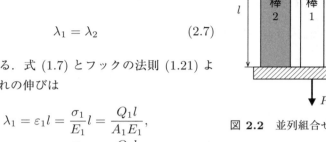

図 **2.2** 並列組合せ棒の引張

のように内力 Q_1, Q_2 で表され，これらを式 (2.7) に代入すれば

$$\frac{Q_1 l}{A_1 E_1} = \frac{Q_2 l}{A_2 E_2} \tag{2.9}$$

となる．式 (2.6) と式 (2.9) から内力 Q_1, Q_2 が次のように求まる．

$$Q_1 = \frac{P A_1 E_1}{A_1 E_1 + 2 A_2 E_2}, \quad Q_2 = \frac{P A_2 E_2}{A_1 E_1 + 2 A_2 E_2} \tag{2.10}$$

したがって，棒1と棒2に生じる垂直応力は次式で与えられる．

$$\sigma_1 = \frac{Q_1}{A_1} = \frac{P E_1}{A_1 E_1 + 2 A_2 E_2}, \quad \sigma_2 = \frac{Q_2}{A_2} = \frac{P E_2}{A_1 E_1 + 2 A_2 E_2} \tag{2.11}$$

また，各棒の伸び λ_1, λ_2 は等しいので λ とおくと，式 (2.11) を式 (2.8) に代入して，次のように得られる．

$$\lambda = \lambda_1 = \lambda_2 = \frac{Pl}{A_1 E_1 + 2 A_2 E_2} \tag{2.12}$$

2.1 節では，外力と内力のつり合い条件だけで応力を決定できた．このような問題を**静定問題** (statically determinate problem) という．一方，2.2 節のように，

[*5] 荷重と変位の関係を用いれば，適合条件を荷重で表すこともできます．

力のつり合い式の数と軸力の未知量の数が一致せず，適合条件を考慮しなければ解けない問題は**不静定問題**（statically indeterminate problem）と呼ばれる[*6].

2.3 熱応力と自重による応力

2.3.1 熱応力

身の回りにある物体は，温度の上昇あるいは下降に伴って伸びたり縮んだりする．もし温度変化を受ける物体が拘束されていると，外力を受けていなくても物体内に応力を生じる．この応力を**熱応力**（thermal stress）という．加熱と冷却が繰り返される製品（例えば，ボイラ，タービン，エンジン，原子炉，ロケット，マイクロ電子デバイス）では，熱応力の定量的評価が設計上の課題となる．

図 2.3(a) に示すように，長さ l，断面積 A の棒が温度の影響を受けない剛体壁[*7]の間に固定され，温度が T_0 から T_1，すなわち $T_1 - T_0 = \Delta T$ K(°C) 上昇した場合を考える．このとき，棒に生じる応力とひずみを求めてみよう[*8]．もし，右端の剛体壁がなければ，長さ l の棒は温度上昇 ΔT K(°C) で自由膨張する．長さ $l + \lambda$ になったとすると（図 2.3(b)），伸び λ とひずみ ε_t はそれぞれ次式で与えられる．

$$\lambda = \alpha \Delta T l \tag{2.13}$$

$$\varepsilon_\mathrm{t} = \frac{\lambda}{l} = \alpha \Delta T \tag{2.14}$$

比例定数 α は**線膨張係数**または**熱膨張係数**（coefficient of thermal expansion）と呼ばれ，単位長さ，単位温度変化あたりの伸縮量を表す．単位は 1/K または 1/°C である．ε_t を**熱ひずみ**（thermal strain）という．棒が拘束されていない状態で

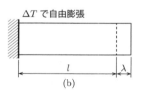
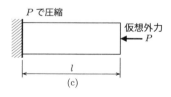

図 **2.3** 熱応力と熱ひずみの考え方

[*6] 第 3 章の「はり」や第 4 章の「軸」の変形でも，静定問題と不静定問題が登場します．
[*7] まったく変形しない壁のことです．
[*8] 応力 $\sigma = E\varepsilon$ は発生しますが，固定されているのでひずみ $\varepsilon = 0$ ですね．あれ？ 矛盾してませんか？

は，温度変化による熱ひずみを生じるだけで応力は発生しない[*9]．しかし実際には，図 2.3(a) に示す棒の両端は剛体壁に固定されているため，図 2.3(b) の状態から図 2.3(c) のように仮想外力 P を右端から作用させて，元の長さ l まで押し戻した状態と等価であると考えることができる．仮想外力 P による棒の圧縮ひずみは

$$\varepsilon_{\mathrm{e}} = \frac{-\lambda}{l+\lambda} = -\frac{\lambda/l}{1+\lambda/l} \approx -\frac{\lambda}{l} \tag{2.15}$$

と求められる[*10]．したがって，仮想外力 P による縮み $(-\lambda)$ はフックの法則 (1.21) を用いて

$$-\lambda = \varepsilon_{\mathrm{e}} l = \frac{\sigma}{E} l = \frac{Pl}{AE} \tag{2.16}$$

式 (2.13) と式 (2.16) より，仮想外力 P は次式で与えられる．

$$\alpha \Delta T l = -\frac{Pl}{AE}, \qquad \therefore P = -AE\alpha\Delta T$$

それゆえ，熱応力は

$$\sigma = \frac{P}{A} = -\alpha E \Delta T \tag{2.17}$$

となる．この応力は温度変化 ΔT に起因して生じたもので，温度上昇 $(\Delta T > 0)$ では圧縮応力，温度下降では引張応力となる．

以上のように，完全拘束された棒の一様な温度変化による熱応力は次のようにして求めればよい．

1. 自由膨張による棒の伸び（縮み）を求める．
2. この伸び（縮み）を打ち消す縮み（伸び）を生じさせる仮想外力を求める．
3. 仮想外力による熱応力を求める．

[*9] 外力は作用していませんからね．
[*10] この弾性ひずみ ε_{e} が応力の発生に関与するのです．分母の λ/l は 1 に比べて十分に小さいので近似しています．以下の計算がとても簡単になりますよ．

例題 2.2（直列棒の熱応力）

図 2.4(a) のように，長さと断面積が異なる同一材料からなる 2 本の棒を直列に接合し，両端を剛体壁で固定して温度を T_0 から T_1 に上昇させたとき，2 本の棒に生じる熱応力を求めよ．ただし，縦弾性係数を E，線膨張係数を α とし，棒の直径の変化は無視する．

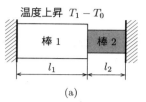

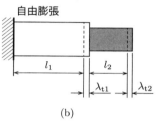

図 **2.4** 直列棒の熱応力（例題 2.2）

【解答】 長さを l，断面積を A，伸縮量を λ，応力を σ，ひずみを ε とする．図 2.4(b) のように，右端の剛体壁を取り除いて自由熱膨張させたときの 2 本の棒の伸縮量（λ_{t1}, λ_{t2}）の和は，式 (2.13) より

$$\lambda = \lambda_{t1} + \lambda_{t2} = \varepsilon_{t1}l_1 + \varepsilon_{t2}l_2 = \alpha(T_1 - T_0)l_1 + \alpha(T_1 - T_0)l_2 \tag{a}$$

この伸びを打ち消すのに必要な仮想外力 P による各棒の伸縮量（λ_{e1}, λ_{e2}）の和は，式 (2.16) から[*11]

$$-\lambda = \lambda_{e1} + \lambda_{e2} = \varepsilon_{e1}l_1 + \varepsilon_{e2}l_2 = \frac{\sigma_1 l_1}{E} + \frac{\sigma_2 l_2}{E} = \frac{Pl_1}{A_1 E} + \frac{Pl_2}{A_2 E} \tag{b}$$

式 (a) と式 (b) より，

$$\alpha(T_1 - T_0)(l_1 + l_2) + \frac{P}{E}\left(\frac{l_1}{A_1} + \frac{l_2}{A_2}\right) = 0, \quad \therefore P = -\alpha E(T_1 - T_0)\frac{l_1 + l_2}{(l_1/A_1 + l_2/A_2)}$$

したがって，棒の熱応力は次式のように求められる．

$$\sigma_1 = \frac{P}{A_1} = -\alpha E(T_1 - T_0)\frac{A_2(l_1 + l_2)}{l_1 A_2 + l_2 A_1}, \quad \sigma_2 = \frac{P}{A_2} = -\alpha E(T_1 - T_0)\frac{A_1(l_1 + l_2)}{l_1 A_2 + l_2 A_1}$$

■

[*11] 式 (2.16) の λ は伸びですので，$-\lambda = \varepsilon_e l$ が縮みです．

2.3.2 自重による応力

図 2.1 の直列組合せ棒が天井から鉛直に吊るされ，下端に引張荷重 P が作用している場合を考える（図 2.5 参照）．自重[*12]を無視すると，棒 1 と棒 2 に生じる応力およびひずみはそれぞれ式 (2.2) と式 (2.3) で与えられ，棒全体の伸びは式 (2.5) のように得られる．棒の自重は，一般に荷重の大きさに比べて小さいので通常は省略するが，かなり長い棒については自重を無視することはできない．棒の体積を V，密度を ρ，重力加速度を g とすると，自重は

$$W = V\rho g \tag{2.18}$$

で与えられる[*13]．

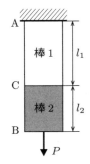

図 **2.5** 直列組合せ棒と自重（例題 2.3）

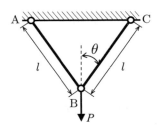

図 **2.6** 静定トラスの一例（演習問題 2.1）

例題 2.3 （自重の影響）

図 2.5 のような直列組合せ棒を考え，天井から距離 x の仮想断面に生じる応力とひずみをそれぞれ $\sigma(x)$，$\varepsilon(x)$ とする．棒 2 が質量 m の剛体で，$P = 0$

[*12] 棒自身の重さのことです．
[*13] イタリアの数学者・物理学者・天文学者であるガリレオ・ガリレイ（1564 〜 1642）は，幾何学的に相似な構造物をつくる場合，大きくするほど強度が低くなると主張しました．材料が自重で破断する（式で表すと自重による破断荷重 $\sigma_R A = V\rho g = Al\rho g$）と考えたからです．この式から $l = \sigma_R/(\rho g)$[m] よりも長い棒は存在しないことになりますね．ちなみに $\sigma_B/(\rho g)$ は比強度（単位は m）と呼ばれ，軽くて強いを表す基準の 1 つとして使われています．表 1.1 の ρ と σ_B を利用して求めてみましょう．なお，骨の強度と剛性がどんな動物でもほぼ等しいと考えると，動物の大きさには限界がありそうですね．

のとき，棒1に生じる最大応力と任意の位置 x におけるひずみを求めよ．ただし，棒1の断面積を A，縦弾性係数を E_1，密度を ρ_1 とする．

【解答】 天井から距離 x の仮想断面に生じる内力を $Q(x)$ とすると，断面から棒1の下端までの体積は $A(l_1 - x)$ であるから，鉛直方向の力のつり合いより

$$-Q(x) + [m + A(l_1 - x)\rho_1]g = 0, \quad \therefore Q = [m + A(l_1 - x)\rho_1]g$$

この断面に生じる応力は

$$\sigma(x) = \frac{Q(x)}{A} = \frac{[m + A(l_1 - x)\rho_1]g}{A} = \frac{mg}{A} + (l_1 - x)\rho_1 g$$

したがって，棒1の上端（$x=0$）で最大応力

$$\sigma_{\max} = \frac{mg}{A} + l_1 \rho_1 g$$

が生じる．また，任意の位置 x におけるひずみ[*14]は

$$\varepsilon(x) = \frac{\sigma(x)}{E_1} = \left[\frac{m}{A} + (l_1 - x)\rho_1\right]\frac{g}{E_1} \qquad \blacksquare$$

演習問題

2.1 図2.6のような長さ l，断面積 A，縦弾性係数 E の同一部材からなる静定トラス（truss）[*15]の節点Bに垂直荷重 P が作用する場合を考える．このときの部材ABと部材CBに生じる応力および節点Bの垂直変位を求めよ．

2.2 図2.7のように，長さ l，断面積 A_1（直径 d_1），縦弾性係数 E_1 の丸棒が長さ l，断面積 A_2（外径 d_2，内径 d_1），縦弾性係数 E_2 の円筒にゆるくはめられ，剛体円板を通じて引張荷重 P が作用している場合を考える．丸棒と円筒に生じる応力 σ_1, σ_2 および伸び λ を求めよ．

2.3 図2.8は，鋼材をあらかじめ荷重 P で引っ張った状態でコンクリートを流し込み，固まった後に荷重 P を除去する方法を示したものである．鋼材の断面積を A_1，縦弾性係数を E_1，コンクリートの断面積を A_2，縦弾性係数を E_2 とし，作製時点で鋼材とコンクリートの内部に残っているそれぞれの応力[*16] σ_1, σ_2 を求めよ．

[*14] このひずみを 0 から l_1 まで積分すると，棒1の伸びが求まりますよ．

[*15] 2つ以上の直線棒状の部材を連結して組み立てられた骨組構造で，各々の部材の結合点すなわち節点（joint; node）は自由に回転できます．力のつり合い式の数と軸力の未知数が一致し，ただちに内力が求まります．

[*16] 残留応力（residual stress）といいます．

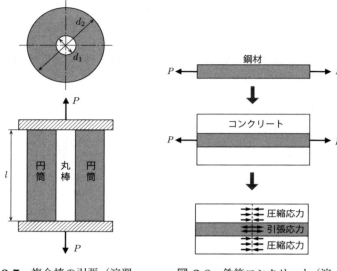

図 2.7 複合棒の引張（演習問題 2.2）

図 2.8 鉄筋コンクリート（演習問題 2.3）

2.4 図 2.9 のように，断面積 A，縦弾性係数 E の 3 本の同一部材からなる不静定トラス[*17]の節点 B に垂直荷重 P が作用する場合を考える．部材 AB と部材 CB の長さを l_1，部材 DB の長さを l_2 とするとき，部材 AB と部材 DB に生じる応力および節点 B の垂直変位を求めよ．

2.5 気温 15°C のとき，ある長さのレール（縦弾性係数 $E = 206\,\mathrm{GPa}$，線膨張係数

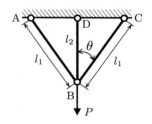

図 2.9 不静定トラスの一例（演習問題 2.4）

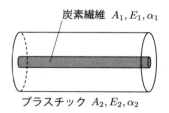

図 2.10 複合棒の熱応力（演習問題 2.6）

[*17] 力のつり合いだけでは内力が求まらないトラスのことです．

$\alpha = 1.2 \times 10^{-5}\,\mathrm{K^{-1}}$)の両端を溶接した．気温が 35°C に達して 20 K 上昇したとき，レールに生じる応力を求めよ．

2.6 図 2.10 のように，プラスチックの中に 1 本の炭素繊維が入った繊維強化プラスチック円筒を考える．炭素繊維の断面積を A_1，縦弾性係数を E_1，線膨張係数を α_1 とし，プラスチックの断面積，縦弾性係数，線膨張係数を A_2, E_2, $\alpha_2\,(>\alpha_1)$ とする．温度が ΔT 上昇したとき，炭素繊維およびプラスチックに生じる応力を求めよ．ただし，炭素繊維とプラスチックは完全に接合されているものとする．

2.7 図 2.11 のような長さ l_2，断面積 A_2，縦弾性係数 E の石柱 2 の上に，長さ l_1，断面積 A_1，縦弾性係数 E の石柱 1 が重ねられた石積みの塔を考える．上端に圧縮荷重 P が作用しているとき，次の問いに答えよ．

(a) 石柱 1, 2 に生じる応力とひずみおよび塔全体の縮みを求めよ．
(b) 石の長さを $l_1 = l_2 = l = 20\,\mathrm{m}$，単位体積重量を $\rho g = 15\,\mathrm{kN/m^3}$ とする．$P = 5\,\mathrm{MN}$ のとき，石柱 1, 2 の底面に生じる圧縮応力を $\sigma_{\max} = 1\,\mathrm{MPa}$ にしたい．このとき，自重を考慮して断面積 A_1, A_2 を求めよ．
(c) 石柱の圧縮応力の許容値を σ_0 とする．$A_1 : A_2 = 1 : 4$ のとき，自重のみ ($P = 0$) で建築可能な塔の安全高さ $l_1 + l_2$ を求めよ．

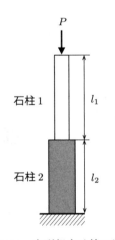

図 2.11 直列組合せ棒の圧縮
（演習問題 2.7）

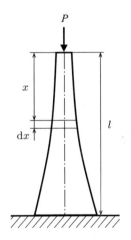

図 2.12 変断面棒と自重
（演習問題 2.8）

2.8 図 2.12 のように，圧縮荷重 P を受ける高さ l，密度 ρ，縦弾性係数 E の柱を考える．任意断面の応力が常に σ_0 であるとき，自重を考慮して，任意の位置 x における断面積 A を求めよ．

第3章
「はり」の曲げ

3.1 はりとは？

　曲げを受ける細くて長い棒をはり（beam）という．特に，軸線が直線のはりは**真直はり**（straight beam）と呼ばれる[*1]．樹木の枝，クレーン，自重や車両荷重を受ける橋，横風を受ける超高層ビル，航空機の翼などは，複雑な構造をしているが，大まかに見ればはりと見なせる．はりは引張応力と圧縮応力の両方を受け，その変形量は棒の引張・圧縮に比べて桁違いに大きい．はりの設計では，これらの点を十分注意する必要がある．

[*1] 軸線が曲線のはりを曲がりはり（curved beam）といいます．

3.1.1 荷重の作用形態

はりに作用する荷重には,図 3.1 に示すような以下の 3 種類がある.

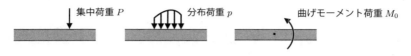

図 **3.1** はりに作用する荷重

①**集中荷重**(concentrated load)　一点に集中して作用する荷重[*2], P

②**分布荷重**(distributed load)　はりの表面に分布して作用する荷重[*3], p

③**曲げモーメント荷重**(bending moment load)　外部から曲げモーメントとして作用する荷重[*4], M_0

3.1.2 はりの支持方法

図 3.2(a) に示すように,はりを支える方法は以下の 3 種類に大別される.

①**回転支持**(pinned support)　回転が自由で,上下方向と左右方向(軸方向)の変位が拘束されている.その結果,上下および左右方向の反力が現れる.

②**移動支持**(movable support)　回転と左右方向の移動が自由で,上下方向の変位が拘束されている.上下方向の反力が現れる.

③**固定支持**(fixed/clamped support)　回転と上下および左右方向の変位が拘束されている.その結果,上下および左右方向の反力のほかに,反モーメントが現れる.

図 3.2(b) のように,支持方法に対応して変位の自由度が拘束される.はりが荷重を受けると,変位の拘束に対する作用反作用の法則の結果,外力として反力/反モーメント[*5]が支点に生じる.はりの曲げ問題では,一般に軸方向に作用する

[*2] 単位は N.
[*3] 単位は N/m. 注意が必要ですよ.
[*4] 単位は Nm.
[*5] 反力と反モーメントは内力ではなく,外力ですよ.

第 3 章 「はり」の曲げ

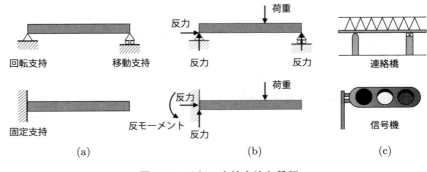

図 **3.2** はりの支持方法と種類

荷重は考えないため*6，回転支持と移動支持を区別しない．

3.1.3 はりの種類

はりと見なすことのできる代表的な例を図 3.2(c) に示す．両端が回転支持と移動支持*7のはりを**単純支持はり**（simply supported beam）あるいは**両端支持はり**という．支点間の距離は**スパン**（span）と呼ばれる．また，一端が固定され，他端が自由*8のはりを**片持ちはり**（cantilever beam）という*9．さらに，一端が固定され，他端が移動支持されたはりを**一端固定・他端支持はり**，両端が固定されたはりを**両端固定はり**という．

荷重の大きさと位置が与えられたとき，力とモーメントのつり合い条件だけから未知量である反力／反モーメントが決定できるはりを**静定はり**（statically determinate beam）という*10．一方，つり合いの式よりも未知数の方が多く，つり合い条件だけでは未知量が定まらないはりは**不静定はり**（statically indeterminate beam）と呼ばれる．単純支持はりと片持ちはりは静定はり，一端固定・他端支持はりと両端固定はりは不静定はりである．

---

*6 軸方向の変形も考えません．軸方向の変形は「棒」の引張・圧縮として第 2 章で扱いました．
*7 連絡橋は，地震時の被害を軽減するため，移動支持になっているところがあります．
*8 支持点がないという意味です．つまり，この支点では，運動の自由度が拘束されておらず，フリーになっています．
*9 片持ちはりを「カンチレバー」ともいいます．
*10 第 2 章で，外力と内力のつり合いだけで反力や反モーメントが求められる問題を静定問題，求められない問題を不静定問題といいましたね．はりの曲げ問題でも同じです．

3.2 はりのせん断力と曲げモーメント

3.2.1 反力と反モーメント

図 3.3(a) に示すように，自由端に集中荷重 P を受ける長さ l の片持ちはりを考える．各支点に生じる反力および反モーメントを求めてみよう．

はりの軸方向右向きに x 軸，鉛直方向下向きに y 軸をとる．図 3.3(b) のように，固定端 A には未知の反力 R_A が生じ，y 方向の力のつり合いより

$$-R_\mathrm{A} + P = 0, \quad \therefore R_\mathrm{A} = P \tag{3.1}$$

と求まる．第 1 章および 3.1 節で述べた通り，固定端 A には反モーメント M_A も生じている．モーメントのつり合いは基準点をどこにとっても結果は等しくなるので，例えば A 点回りで考えると，反モーメントは

$$M_\mathrm{A} - Pl = 0, \quad \therefore M_\mathrm{A} = Pl \tag{3.2}$$

となり[*11]，l に比例する（図 3.4 参照）．

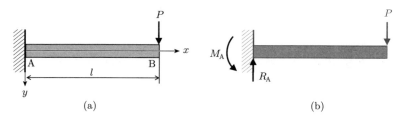

(a)   (b)

図 **3.3** 自由端に集中荷重を受ける片持ちはり

例題 3.1（任意の位置に集中荷重を受ける単純支持はり）

図 3.5(a) に示すように，支点 A から距離 a の位置 C に集中荷重 P を受ける長さ l の単純支持はりを考える．支点 A，B における反力 R_A，R_B を求めよ．

【解答】 図 3.5(b) を参照すると，y 方向の力のつり合いより

$$-R_\mathrm{A} + P - R_\mathrm{B} = 0$$

[*11] 式 (1.2) を思い出してください．

第 3 章 「はり」の曲げ

図 **3.4** 反モーメントとは？

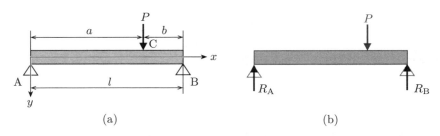

図 **3.5** 任意の位置に集中荷重を受ける単純支持はり（例題 3.1, 3.3, 3.5, 3.11）

A 点回りのモーメントのつり合いより

$$R_A \times 0 - Pa + R_B(a+b) = 0$$

$a+b=l$ を考慮し，2 式を連立して解くと

$$R_A = \frac{Pb}{l}, \quad R_B = \frac{Pa}{l}$$ ■

例題 3.2（等分布荷重を受ける片持ちはり）
図 3.6(a) に示すように，単位長さあたりの大きさ p の等分布荷重を受ける長さ l の片持ちはりを考える．固定端 A における反力 R_A と反モーメント M_A を求めよ．

3.2 はりのせん断力と曲げモーメント

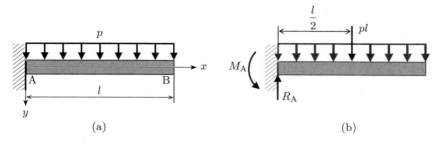

図 **3.6** 等分布荷重を受ける片持ちはり（例題 3.2，3.4，3.6，3.12）

【**解答**】 全長 l に作用する荷重の合計は pl であるので[*12]，図 3.6(b) のように中央 ($x = l/2$) に集中荷重 pl が作用する片持ちはりと考えることができる．y 方向の力のつり合いより

$$-R_\mathrm{A} + pl = 0, \quad \therefore R_\mathrm{A} = pl$$

A 点回りのモーメントのつり合いより

$$M_\mathrm{A} - (pl)\frac{l}{2} = 0, \quad \therefore M_\mathrm{A} = \frac{pl^2}{2}$$

■

3.2.2 せん断力と曲げモーメント

3.2.1 項では，先端に集中荷重 P を受ける片持ちはりの反力と反モーメントを求めた．これらの結果を用い，片持はりに生じる内力について考えてみよう．図 3.7 に示すように，固定端 A から任意の位置 x ではりを仮想的に切断してみる．この仮想断面には横断面に沿う力 F とモーメント M が，内力として作用している．はりの任意の断面に生じる力 F を**せん断力**（shearing force），モーメント M を**曲げモーメント**（bending moment）という．任意の位置 x における

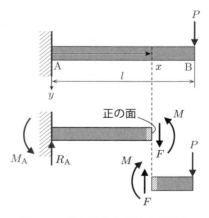

図 **3.7** 集中荷重を受ける片持ちはりの仮想断面におけるせん断力および曲げモーメント

[*12] 荷重 pl の単位は N/m × m で N になります．

せん断力 $F(x)$ は,図 3.7 を参照して y 方向の力のつり合いを考え,式 (3.1) を用いれば

$$-R_\mathrm{A} + F = 0, \quad \therefore F = R_\mathrm{A} = P \tag{3.3}$$

となる[*13].同様に,曲げモーメント M は,仮想断面回りのモーメントのつり合いを考え,式 (3.1) と式 (3.2) を用いると,次のようになる.

$$M_\mathrm{A} - R_\mathrm{A} x + M = 0, \quad \therefore M = -M_\mathrm{A} + R_\mathrm{A} x = -P(l-x) \tag{3.4}$$

図 3.8(a) に示すように,材料力学では伝統的に,はりの右側を押し下げるように作用するせん断力を正,はりの下面が凸となるように作用する曲げモーメントを正と定義する[*14].実際の計算では,図 3.8(b) のように直交座標系 O–xy を設定し,仮想断面で分割した左側の部分について考えるとき,せん断力は正の x 面(法線が x 軸の正方向)で y 軸の正方向に作用するときを正,曲げモーメントは正の x 面で反時計回りに作用するときを正と決めて,問題を解くことにする[*15].

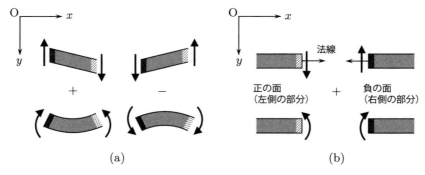

図 **3.8** せん断力と曲げモーメントの正負

[*13] せん断力 $F(x)$ は位置 x に依存せず,一定値 $F(x) = P =$ const. をとります.
[*14] 物理の力学などでは座標系は右手系が用いられており,材料力学の伝統的な符号規約とは一致しません.巻末にあげた文献「今井,才本,平野著,材料力学,朝倉書店,1999」では,右手系を採用して物理の力学などと整合するように記述されています.
[*15] 図 3.7 と図 3.8 では白色マーク側が正の面です.灰色マーク側の負の面では,せん断力と曲げモーメントの正負の定義は逆になっています.

3.2 はりのせん断力と曲げモーメント

例題 3.3（任意の位置に集中荷重を受ける単純支持はり）
図 3.5(a) のような点 C に集中荷重 P を受ける単純支持はりの任意断面に生じるせん断力と曲げモーメントを求めよ．

【解答】 例題 3.1 (p. 39) から，支点 A, B における反力は

$$R_A = \frac{Pb}{l}, \quad R_B = \frac{Pa}{l} \tag{a}$$

支点 A から任意の位置 x ではりを仮想的に切断してみると，断面にはせん断力 F と曲げモーメント M が作用しているが，それらは AC 間と CB 間で異なる．以下では仮想断面を AC 間 $(0 \leq x < a)$ と CB 間 $(a \leq x < l)$ に分けて考える．

AC 間 $(0 \leq x < a)$ では，図 3.9(a) のように y 方向の力のつり合いを考えて式 (a) を用いると，せん断力は

$$-R_A + F = 0, \quad \therefore F = R_A = \frac{Pb}{l}$$

同様に A 点回りのモーメントのつり合いを考えると，曲げモーメントは

$$M - Fx = 0, \quad \therefore M = Fx = \frac{Pb}{l}x$$

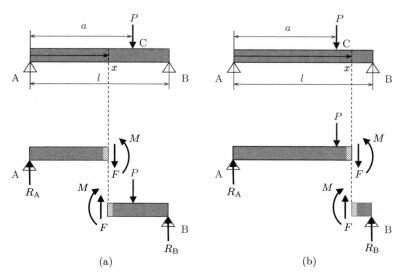

図 3.9 任意の位置に集中荷重を受ける単純支持はりの仮想断面におけるせん断力および曲げモーメント（例題 3.3）

一方，BC 間 ($a \leq x \leq l$) では図 3.9(b) のように y 方向の力のつり合いを考え，式 (a) と $a+b=l$ を考慮すると，せん断力は

$$-R_A + P + F = 0, \quad \therefore F = R_A - P = -\frac{Pa}{l}$$

同様に A 点回りのモーメントのつり合いから，曲げモーメントは

$$-Pa + M - Fx = 0, \quad \therefore M = Pa + Fx = Pa\left(1 - \frac{x}{l}\right)$$ ■

例題 3.4 （等分布荷重を受ける片持ちはり）

図 3.6(a) のような単位長さあたりの大きさ p の等分布荷重を受ける片持ちはりの任意断面に生じるせん断力と曲げモーメントを求めよ．

【解答】 例題 3.2（p. 40）から，固定端 A における反力と反モーメントは

$$R_A = pl, \quad M_A = \frac{pl^2}{2} \quad (a)$$

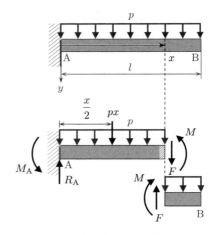

図 3.10 のように，固定端 A から任意の位置 x ではりを仮想的に切断してみると，断面にはせん断力 F と曲げモーメント M が作用している．長さ x の部分に作用している荷重の合計は px である．y 方向の力のつり合いを考えて式 (a)$_1$ を用いると*16，せん断力は

$$-R_A + px + F = 0$$
$$\therefore F = R_A - px = p(l-x) \quad (b)$$

同様に，仮想断面回りのモーメントのつり合いから*17，曲げモーメントは

$$M_A - R_A x + (px)\frac{x}{2} + M = 0$$
$$\therefore M = -M_A + R_A x - \frac{px^2}{2} = -\frac{p(l-x)^2}{2} \quad (c)$$

図 3.10 等分布荷重を受ける片持ちはりの仮想断面におけるせん断力および曲げモーメント（例題 3.4） ■

---

*16 本書では，式番号の下付添え字 i ($i=1,2,\ldots$) は該当する式の i 番目を示します．
*17 A 点回りのモーメントのつり合いを考えた場合

$$M_A - (px)\frac{x}{2} + M - Fx = 0, \quad \therefore M = \frac{px^2}{2} + Fx - \frac{pl^2}{2}$$

となり，式 (b) と連立して解くことで F と M を求めることができます．仮想断面回りのモーメントのつり合いを考えれば，連立して解く必要がないので，計算が少し簡単になりますね．

3.2.3　せん断力図と曲げモーメント図

3.2.2 項では，先端に集中荷重 P を受ける片持ちはりの任意断面に生じるせん断力と曲げモーメントを

$$F(x) = P, \quad M(x) = -P(l-x)$$
$$(0 \leq x \leq l) \quad (3.5)$$

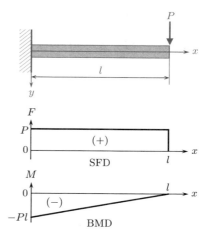

図 **3.11**　先端に集中荷重を受ける片持ちはりのせん断力図（SFD）と曲げモーメント図（BMD）

と求めた．一般に，せん断力と曲げモーメントは断面の位置 x とともに変化する．はりの設計では，すべての断面の位置 x におけるこれらの値を知っておくことが望ましい．図 3.11 のように，はりの軸方向 x に対してせん断力 $F(x)$ および曲げモーメント $M(x)$ が変化する様子をわかりやすく図式表示したものをそれぞれ**せん断力図** (shearing force diagram: SFD) および**曲げモーメント図** (bending moment diagram: BMD) という[*18]．SFD からせん断力 F が軸方向に沿って一定値 P をとり，BMD から曲げモーメント M が軸方向に線形に分布していることがわかる．特に，はりの固定端（$x = 0$）で曲げモーメントの絶対値が最大値をとる．この曲げモーメントが最大となる位置を**危険断面**という[*19]．

> **例題 3.5**（任意の位置に集中荷重を受ける単純支持はり）
> 図 3.5(a) のような点 C に集中荷重 P を受ける単純支持はりのせん断力図（SFD）と曲げモーメント図（BMD）を描け．

【解答】　例題 3.3（p. 43）から，任意断面に生じるせん断力と曲げモーメントは

[*18] グラフを描く上で次の点を忘れないようにしましょう．
- 水平軸（x 軸）より上側に正の値，下側に負の値をとり，+ と − をそれぞれ明記する．
- 極値と変曲点の値を明記する．

[*19] 3.3 節で詳しく説明しますが，この位置から部材が壊れていく可能性が最も高いので危険断面といいます．

$$F = \begin{cases} \dfrac{Pb}{l} & (0 \leq x < a) \\ -\dfrac{Pa}{l} & (a \leq x \leq l) \end{cases}, \quad M = \begin{cases} \dfrac{Pb}{l}x & (0 \leq x < a) \\ Pa\left(1 - \dfrac{x}{l}\right) & (a \leq x \leq l) \end{cases}$$

したがって，SFD と BMD は図 3.12 のようになる．■

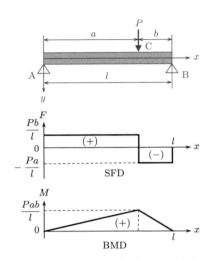

図 **3.12** 任意の位置に集中荷重を受ける単純支持はりの SFD と BMD（例題 3.5）

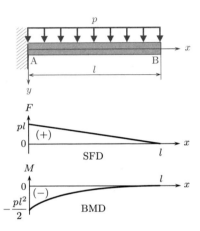

図 **3.13** 等分布荷重を受ける片持ちはりの SFD と BMD（例題 3.6）

例題 3.6（等分布荷重を受ける片持ちはり）

図 3.6(a) のような単位長さあたりの大きさ p の等分布荷重を受ける片持ちはりのせん断力図（SFD）と曲げモーメント図（BMD）を描け．

【**解答**】 例題 3.4 から，任意断面に生じるせん断力と曲げモーメントは
$$F = p(l - x), \quad M = -\dfrac{p}{2}(l - x)^2$$
したがって，SFD と BMD は図 3.13 のようになる．■

ここで，図 3.14(a) に示すように，等分布荷重を一般化した単位長さあたりの大きさ $p(x)$ の分布荷重を受けるはりを考えてみよう．左端から x および $x + \mathrm{d}x$ だけ離れた断面間の微小要素 ABCD を考え，左右の断面をそれぞれ AD および BC とする．図 3.14(b) のように，断面 AD にはせん断力 $F(x)$ および曲げモー

メント $M(x)$ が，断面 BC にはそれぞれ $F+\mathrm{d}F$ および $M+\mathrm{d}M$ が作用している．分布荷重を微小部分の中央に作用する集中荷重 $p(x)\,\mathrm{d}x$ と見なし，y 方向の力のつり合いを考えると，

$$-F + p\,\mathrm{d}x + (F + \mathrm{d}F) = 0, \quad \therefore \frac{\mathrm{d}F}{\mathrm{d}x} = -p \tag{3.6}$$

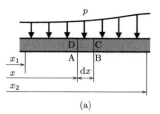

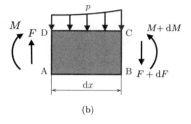

のようにせん断力 $F(x)$ と分布荷重 $p(x)$ の関係が得られる．この式から，せん断力の変化率（せん断力図の傾き）はその位置 x における分布荷重 p の逆符号に等しいことがわかる[20]．また，微小部分の断面 AD 回りのモーメントのつり合いから

図 **3.14** 分布荷重と仮想断面におけるせん断力および曲げモーメント

$$-M - (p\,\mathrm{d}x)\frac{\mathrm{d}x}{2} + (M + \mathrm{d}M) - (F + \mathrm{d}F)\mathrm{d}x = 0 \tag{3.7}$$

が得られ，高次の微小量 $\mathrm{d}x^2$ を含んだ項を省略して整理すると，

$$\frac{\mathrm{d}M}{\mathrm{d}x} = F \tag{3.8}$$

のように曲げモーメント $M(x)$ とせん断力 $F(x)$ の関係が得られる．すなわち，曲げモーメントの変化率（曲げモーメント図の傾き）はせん断力（せん断力図）に等しく，曲げモーメントは $\mathrm{d}M/\mathrm{d}x = 0$ で極値をとり，せん断力が 0 となる位置で最大または最小となる．さらに，式 (3.6) と式 (3.8) から，曲げモーメント $M(x)$ と分布荷重 $p(x)$ の関係が次式のように得られる．

$$\frac{\mathrm{d}^2 M}{\mathrm{d}x^2} = \frac{\mathrm{d}F}{\mathrm{d}x} = -p \tag{3.9}$$

$p(x)$ が一定の値 p となるところでは[21]，せん断力図は直線になり，曲げモーメント図は放物線（2 次曲線）を描く[22]．特に，分布荷重が作用していない $p = 0$ の

---

[20] 図 3.13 で確認してみましょう．
[21] $p(x) = p = \mathrm{const.}$（等分布荷重）のときですね．
[22] 図 3.13 もそのようになっていますね．

領域では,せん断力 F は一定となり,曲げモーメント M は直線になる.

式 (3.6) を x_1 から x_2 まで積分し,それらの断面に作用するせん断力をそれぞれ F_1, F_2 とすると

$$\int_{F_1}^{F_2} dF = -\int_{x_1}^{x_2} p(x)\,dx, \quad \therefore F_2 - F_1 = -\int_{x_1}^{x_2} p(x)\,dx \quad (3.10)$$

の関係が得られ,せん断力の変化量はその区間に作用する分布荷重の総和に等しくなる.また,式 (3.8) を x_1 から x_2 まで積分し,それらの断面に作用する曲げモーメントをそれぞれ M_1, M_2 とすると

$$\int_{M_1}^{M_2} dM = \int_{x_1}^{x_2} F(x)\,dx, \quad \therefore M_2 - M_1 = \int_{x_1}^{x_2} F(x)\,dx \quad (3.11)$$

が得られ,曲げモーメントの変化量はその区間のせん断力図の面積に等しくなる.

3.3 はりに生じる応力

3.3.1 曲げ応力

応力は単位面積あたりの内力として定義される.3.2 節で述べたように,はりの断面には,内力としてせん断力と曲げモーメントが作用し,これらに対応したせん断応力と垂直応力が生じる.特に,機械や構造物の安全設計では,曲げモーメントによる垂直応力が重要となる場合が多い[*23].そこで,はりに内力としてせん断力が作用しないで一定の曲げモーメントだけが作用する**純曲げ** (pure bending) の状態を考える.

図 3.15(a) は,一定の曲げモーメント M だけが作用するはりの一部分を示したものである.この微小部分 ABCD の変形については,次の仮定[*24]のもとで考

[*23] 曲げ荷重を受けるはりの最大垂直応力と最大せん断応力を比較すると,たいてい前者の方がはるかに大きくなります.したがって,安全設計では,式 (1.23) の設計応力として曲げモーメントによる垂直応力を見積もっておけばよく,せん断応力は無視されることが多いです.例題 3.10 で取り上げます.

[*24] ベルヌーイ・オイラーの仮定といいます.ガリレオは「はりの強度」を研究しましたが,スイスの偉大な数学者ヤコブ・ベルヌーイ(1654〜1705)は「はりの変形」を研究しました.フックに出会ってからといわれています.その弟のヨハン・ベルヌーイ(1667〜1748)も数学者で,弟子にスイスの数学者・物理学者であるレオンハルト・オイラー(1707〜1783)がいます.ヨハンの子ダニエル・ベルヌーイ(1700〜1782)は,数理物理学の創始者と呼ばれ名著

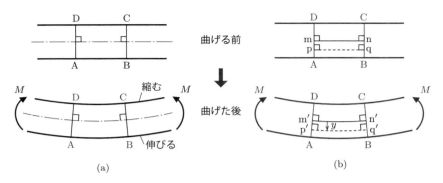

図 **3.15** 純曲げを受けるはりの変形

える.

> 「変形前にはりの軸線に垂直であった断面 AD と断面 BC は, 変形後も平面を維持して軸線に垂直である.」

はりの上側は縮んで下側は伸びるので, 中間に伸縮しない位置が存在する. この位置の線分の長さは伸縮しないから, 図 3.15(b) のように, 変形前の線分 mn と変形後の弧 m′n′ の長さは等しく (m′n′ = mn), 軸方向のひずみは $\varepsilon = 0$ となる. この伸縮しない線分 mn を含んだ平面を**中立面** (neutral surface) といい, 中立面と任意の断面との交線を**中立軸** (neutral axis) という.

はりの断面は平面を維持しながら上下面で伸縮するように変形するので, ひずみは中立面からの垂直方向距離 y に比例する. したがって, 中立面から任意の位置 y におけるひずみ ε は, 比例定数 C を用いて

$$\varepsilon = Cy \tag{3.12}$$

と表すことができる[*25]. 一方, ひずみの定義は式 (1.6) で与えられるので, 図 3.16 に示すように曲率半径を ρ, 断面 AD と断面 BC のなす角を $d\theta$ とすると, はりの位置 y におけるひずみ (曲げひずみ) は

『流体力学』で知られていますが, 親友オイラーとともにはりの曲げ変形・振動も研究しました. ダニエルの実験とオイラーの理論が刺激しあったようです. ダニエルはオイラーにはりの曲げ問題をエネルギーを使って解くように勧めたともいわれています.

[*25] 図中の点線上でのひずみですよ.

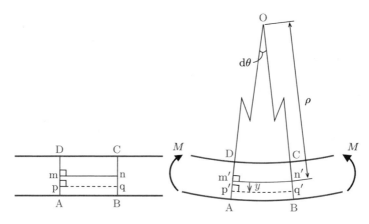

図 **3.16** 中立面と曲率半径

$$\varepsilon = \frac{変形後の長さ - 変形前の長さ}{変形前の長さ} = \frac{弧\ p'q' - 線分\ pq}{線分\ pq}$$
$$= \frac{(\rho + y)\,d\theta - \rho\,d\theta}{\rho\,d\theta} = \frac{y}{\rho} \qquad (3.13)$$

で表される[*26]．これを式 (3.12) と比較すると，$C = 1/\rho$ であることがわかり，曲率半径 ρ の逆数を曲率 $\kappa = 1/\rho$ という[*27]．

はりの曲げひずみ (3.13) をフックの法則 (1.21) に代入すると，はりに生じる応力は

$$\sigma = E\varepsilon = E\frac{y}{\rho} = E\kappa y \qquad (3.14)$$

で表され，このような垂直応力を**曲げ応力**（bending stress）という．曲げ応力 σ は y の 1 次関数であるので，断面内で直線的に変化する．図 3.17(a) に示すように[*28]，はりの断面には中立軸 z を境界にして引張応力と圧縮応力が生じており，中立軸上で $\sigma = 0$ となる．

純曲げでは，外力として軸方向荷重は作用していないので，断面に生じる垂直応

[*26] 中立面は伸縮しないから，変形前の長さは 線分 pq = 線分 mn = 弧 m'n' = $\rho\,d\theta$ と表すことができます．

[*27] つまり，比例定数 C は曲率 κ です．

[*28] 記号 $\otimes$ は，z 軸が紙面から奥に向かうという意味です．

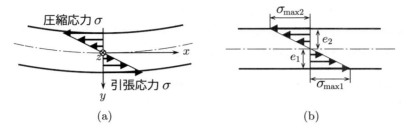

図 **3.17** はりの曲げ応力分布

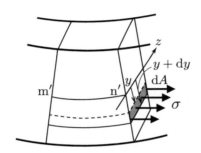

図 **3.18** はり断面に生じる垂直応力

力 σ の総和は 0 である．すなわち，図 3.18 に示すように，断面内で y から $y+\mathrm{d}y$ までの微小領域の面積を $\mathrm{d}A$，断面全体の面積を A とすると，微小領域に生じる内力は $\sigma \mathrm{d}A$ であるから，はりの断面に作用する軸方向の内力は次のように書ける．

$$\int_A \sigma \, \mathrm{d}A = 0 \tag{3.15}$$

式 (3.14) を上式に代入すると

$$\frac{E}{\rho}\int_A y \, \mathrm{d}A = 0, \quad \therefore \int_A y \, \mathrm{d}A = 0 \tag{3.16}$$

が成り立つ．ここで，S_z を

$$S_z = \int_A y \, \mathrm{d}A \tag{3.17}$$

と定義すると，式 (3.16) より，純曲げでは $S_z = 0$ となる．S_z は，z 軸に関す

る断面1次モーメント[*29]と呼ばれ，図心[*30]の位置を求める際に重要となる．式 (3.14) から，断面に生じる応力は中立軸からの距離 y に依存するため，断面の形状が非対称のときは図心の位置を知る必要がある．

> **例題 3.7**（断面1次モーメントと中立軸の位置）
> 図 3.19(a) に示すような任意の2次元形状断面において，図心 G の y 方向，z 方向位置 y_0, z_0 がそれぞれ次式で表されることを示せ．また，図 3.19(b) に示す T 形断面の z 軸から図心 G までの距離 y_0 を求めよ．

$$y_0 = \frac{\int_A y\,dA}{\int_A dA}, \quad z_0 = \frac{\int_A z\,dA}{\int_A dA} \tag{3.18}$$

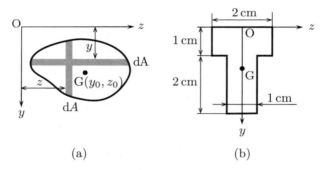

(a) (b)

図 **3.19** 断面の座標軸および図心と T 形断面（例題 3.7）

【解答】 図心 G を通る直交座標軸を y', z' にとれば，図心では $\int_A y'\,dA = 0$, $\int_A z'\,dA = 0$ であるから，$y' = y_0 - y$, $z' = z_0 - z$ より $\int_A (y_0 - y)\,dA = 0$, $\int_A (z_0 - z)\,dA = 0$ となる．それぞれ積分すると

$$y_0 \int_A dA - \int_A y\,dA = 0, \quad z_0 \int_A dA - \int_A z\,dA = 0$$

が得られ，図心の位置 $G(y_0, z_0)$ は式 (3.18) で表される．また T 形断面の図心 G までの距離 y_0 は次式のように得られる．

$$y_0 = \frac{\int_A y\,dA}{\int_A dA} = \frac{\int_0^1 y(2 \times dy) + \int_1^3 y\,dy}{1 \times 2 + 2 \times 1} = \frac{5}{4}\,\text{cm} \qquad \blacksquare$$

[*29] 微小面積 dA と距離 y の積を全面積について総和したものです．これが 0 ということは z 軸が断面の中心を通っていることを意味しますが，イメージできますか？
[*30] 断面の中心のことです．

図 3.18 において，面積 $\mathrm{d}A$ の微小領域に生じる曲げモーメントは，$\mathrm{d}M = (\sigma \mathrm{d}A) \times y$ となる[*31]．したがって，はりの断面に作用する曲げモーメント M は

$$M = \int_A \sigma y \, \mathrm{d}A \tag{3.19}$$

で表される．そして，この式に式 (3.14) を代入すると

$$M = \frac{E}{\rho} \int_A y^2 \, \mathrm{d}A = E\kappa \int_A y^2 \, \mathrm{d}A \tag{3.20}$$

が得られる．ここで

$$I = \int_A y^2 \, \mathrm{d}A \tag{3.21}$$

は z 軸に関する**断面 2 次モーメント** (moment of inertia of cross sectional area)[*32] と呼ばれる．これを用いると，式 (3.20) は

$$M = \frac{EI}{\rho} = EI\kappa \tag{3.22}$$

と書き換えられる．ここで EI は**曲げ剛性** (bending stiffness) と呼ばれる[*33]．はりの曲げに対する荷重–変位関係（曲げモーメント M と曲率 κ の関係）において，曲げ剛性 EI は比例定数に相当しており，曲げ剛性が高いほど，はりは曲がりにくくなる．

はりの曲げ応力と曲げモーメントの関係は，式 (3.22) を式 (3.14) に代入して

$$\sigma = \frac{My}{I} \tag{3.23}$$

となる．曲げ応力は M に比例し[*34]，I に反比例する[*35]．また，y に比例するため，下側が凸になるように曲げられたはりの任意の断面内では，中立軸から最も遠い位置 $y = e_1$ の下表面で引張応力が最大に，$y = -e_2$ の上表面で圧縮応力が

[*31] 微小領域に生じている内力は $\sigma \mathrm{d}A$ ですから，「力 × 距離」でモーメントが求まりますね．
[*32] 断面内での z 軸回りの 2 次モーメントです．z 軸回りということを明示的に示すために I_z と表記することもあります．
[*33] あるいは，「曲げこわさ」ともいいます．
[*34] 応力は，荷重が大きいほど，また，はりが長いほど，大きくなりますよ．
[*35] I は断面積に関係しています．太いはりほど折るのに大きな力が必要となりますね．

最大になる(図 3.17(b) 参照).したがって,最大引張応力と最大圧縮応力はそれぞれ次のように与えられる.

$$\sigma_{\max 1} = \frac{Me_1}{I} = \frac{M}{Z_1}, \quad \sigma_{\max 2} = -\frac{Me_2}{I} = -\frac{M}{Z_2} \quad (3.24)$$

ここで,

$$Z_1 = \frac{I}{e_1}, \quad Z_2 = \frac{I}{e_2} \quad (3.25)$$

を**断面係数**(section modulus)という.

> **例題 3.8**(断面 2 次モーメント)
> 図 3.20(a)(b) に示すそれぞれの図形に対し,z 軸回りの断面 2 次モーメントおよび断面係数を求めよ.ただし,G は図心を表し,各寸法は $b = 0.5\,\mathrm{m}$,$h = 0.8\,\mathrm{m}$,$d_\mathrm{i} = 0.6\,\mathrm{m}$,$d_\mathrm{o} = 1.0\,\mathrm{m}$ とする.
>
>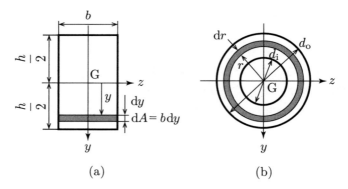
>
> 図 **3.20** 長方形断面と中空円形断面(例題 3.8)

【解答】
(a) 高さ h,幅 b の長方形断面の図心 $\mathrm{G}(y_0, z_0)$ を通るように座標軸 y,z をとる.$dA = b\,dy$ を用いて断面 2 次モーメント I を求めると

$$I = \int_A y^2\,dA = b\int_{-h/2}^{h/2} y^2\,dy = \frac{bh^3}{12} \quad (\mathrm{a})$$

また,断面は z 軸に関して対称であるので,断面係数 Z は

$$Z = Z_1 = Z_2 = \frac{I}{h/2} = \frac{bh^2}{6} \quad (\mathrm{b})$$

式 (a) と式 (b) に数値を代入すると，$I = 21.3 \times 10^{-3} \text{ m}^4$，$Z = 53.3 \times 10^{-3} \text{ m}^3$ となる[*36]．

(b) 図心 G から円の半径方向の座標を r とすると，紙面に垂直な x 軸回りの断面 2 次モーメントは次式のように表すことができる．

$$I_\text{p} = \int_A r^2 \, \mathrm{d}A \tag{c}$$

これを**断面 2 次極モーメント**（polar moment of inertia of area）という[*37]．直交座標と極座標との関係および対称性を考慮すると，式 (c) は

$$I_\text{p} = \int_A (y^2 + z^2) \, \mathrm{d}A = I_y + I_z = 2I, \quad \therefore I = \frac{I_\text{p}}{2} \tag{d}$$

ここで，$I_y = I_z$ を I とおいた．中空円形の断面 2 次極モーメント I_p は，$\mathrm{d}A = 2\pi r \, \mathrm{d}r$ を用いて

$$I_\text{p} = \int_A r^2 \, \mathrm{d}A = \int_{d_\text{i}/2}^{d_\text{o}/2} r^2 \, \mathrm{d}A = 2\pi \int_{d_\text{i}/2}^{d_\text{o}/2} r^3 \, \mathrm{d}r = \frac{\pi(d_\text{o}^4 - d_\text{i}^4)}{32} \tag{e}$$

式 (d) と式 (e) から，中空円形断面の z 軸回りの断面 2 次モーメント I は

$$I = \frac{\pi(d_\text{o}^4 - d_\text{i}^4)}{64} \tag{f}$$

また，断面は z 軸に関して対称であるので，断面係数 Z は

$$Z = Z_1 = Z_2 = \frac{\pi(d_\text{o}^4 - d_\text{i}^4)}{32 \, d_\text{o}} \tag{g}$$

式 (f) と式 (g) に数値を代入すると，$I = 42.7 \times 10^{-3} \text{ m}^4$，$Z = 85.5 \times 10^{-3} \text{ m}^3$ となる．

なお，直径が d である中実円形断面[*38]に対する z 軸回りの断面 2 次モーメント I，x 軸回りの断面 2 次極モーメント I_p，断面係数 Z は，式 (e) ～ (g) において $d_\text{i} = 0$，$d_\text{o} = d$ とおけば求まり，それぞれ次式のように得られる．

$$I = \frac{\pi d^4}{64}, \quad I_\text{p} = \frac{\pi d^4}{32}, \quad Z = \frac{\pi d^3}{32} \tag{h}$$

表 3.1 に代表的な断面形状の断面 2 次モーメントと断面係数を示す． ∎

[*36] 単位を忘れずにつけてください．
[*37] 第 4 章でも登場します．I_p を用いると，三角関数の積分を使わなくても円形断面の I を導くことができます．
[*38] 中実円とは中身のつまった円のことです．

第 3 章 「はり」の曲げ

表 3.1 代表的な断面形状の断面 2 次モーメントと断面係数

	長方形 (幅 b, 高さ h)	中実円形 (直径 d)	中空円形 (内径 d_i, 外径 d_o)
断面 2 次モーメント I	$\dfrac{bh^3}{12}$	$\dfrac{\pi d^4}{64}$	$\dfrac{\pi(d_o^4 - d_i^4)}{64}$
断面係数 Z	$\dfrac{bh^2}{6}$	$\dfrac{\pi d^3}{32}$	$\dfrac{\pi(d_o^4 - d_i^4)}{32 d_o}$

設計では，はりに生じる曲げ応力の最大値がわかれば十分である場合が多い．応力が位置座標 (x, y) の関数であることがわかるように式 (3.23) を表記すれば

$$\sigma(x, y) = \frac{M(x)\, y}{I} \tag{3.26}$$

となる．最大曲げモーメント $M_{\max}$ となるはりの危険断面の位置 x は，曲げモーメント図（BMD）を描けばわかる．一方，この位置 x の断面内で曲げ応力が最大となる位置 y ははりの下側表面（$y = e_1$）か上側表面（$y = -e_2$）であり，それぞれの位置で最大の引張応力または圧縮応力が生じる．したがって，はりに生じる最大曲げ応力 $\sigma_{\max}$ は次式のように表される[*39]．

$$\sigma_{\max} = \frac{M_{\max}}{Z}, \quad Z = \min[Z_1, Z_2] \tag{3.27}$$

> **例題 3.9**（集中荷重を受ける中実円形断面の単純支持はり）
> 長さ $l = 2\,\text{m}$，直径 $d = 4\,\text{cm}$ の中実円形断面の単純支持はり中央に $P = 500\,\text{N}$ の集中荷重が作用するとき，はりに生じる最大曲げ応力を求めよ．

【解答】 図 3.12 において $a = b = l/2$ とおくと，最大曲げモーメントは $M_{\max} = Pl/4$．断面 2 次モーメントは例題 3.8 (p. 54) の式 (h)$_1$ で与えられるから，式 (3.24)$_1$ より最大曲げ応力は

$$\sigma_{\max} = \frac{M_{\max} e_1}{I} = \frac{64 M_{\max}(d/2)}{\pi d^4} = \frac{32 M_{\max}}{\pi d^3} = \frac{8 Pl}{\pi d^3}$$

数値を代入して，$\sigma_{\max} = 39.8\,\text{MPa}$ となる． ■

[*39] 式 (3.27)$_2$ において，$\min[A, B]$ は A と B の小さい方をとることを表しています．

3.3.2 せん断応力

図 3.21(a) に示すように,はりの断面には曲げモーメント M とせん断力 F によって曲げ応力 σ とせん断応力 τ が生じる.しかし,ある程度長いはりのせん断応力は,曲げ応力に比べて非常に小さい値となる.高さ h,幅 b の長方形断面のはりに生じるせん断応力は,中立軸上で最大となる(図 3.21(b)).せん断力を F とすると,その最大値 $\tau_{\max}$ は

$$\tau_{\max} = \frac{3F}{2bh} \tag{3.28}$$

と求められる[*40].

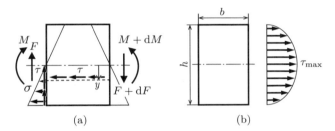

図 **3.21** はりのせん断応力分布

例題 3.10 (3 点曲げ)

高さ h,幅 b の長方形断面をもつ長さ l の単純支持はりの中央に集中荷重 P が作用するとき,h/l と $\tau_{\max}/\sigma_{\max}$ の関係を求めよ.

【解答】 最大曲げ応力 $\sigma_{\max}$ と最大せん断応力 $\tau_{\max}$ は,図 3.12 からそれぞれ $M_{\max} = Pl/4, F = P/2$ となるので,式 (3.24)$_1$ と式 (3.28) より

$$\sigma_{\max} = \frac{M_{\max}}{Z_1} = \frac{3Pl}{2bh^2}, \quad \tau_{\max} = \frac{3P}{4bh}$$

したがって

$$\frac{\tau_{\max}}{\sigma_{\max}} = \frac{3P}{4bh} \times \frac{2bh^2}{3Pl} = \frac{h}{2l}$$

例えば $l = 1\,\mathrm{m}$,$h = 5\,\mathrm{mm}$ のとき($l/h = 200$),$\tau_{\max}/\sigma_{\max} = 1/400$ となり,はりの

[*40] 詳細な導出は省略しますので,巻末の参考文献を参照してください.

断面に生じる最大せん断応力は，最大曲げ応力に比べて無視できるほど小さい[*41]．■

3.4　はりのたわみ

　はりが曲げられる場合，はりにはせん断力と曲げモーメントが作用し，断面にはせん断応力と曲げ応力が生じる．安全設計では，はりに生じる曲げ応力を予測しておくことが重要であることを前節で述べた．一方で，はりに生じる曲げ応力が小さくても，曲げによって生じる変位が大きくなると，部材としての機能を発揮できなくなる場合がある．したがって，はりの設計では，応力に加えて変位を予測しておくことも重要である．

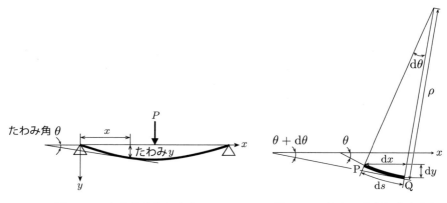

図 3.22　たわみとたわみ角　　　図 3.23　たわみ曲線と曲率半径

　図 3.22 に示すように，はりは荷重 P を受けると変形し，軸線は曲がる．この軸線を**たわみ曲線**（deflection curve）という．また，変形前のはりの軸線に沿って右向きに x 軸，鉛直方向下向きに y 軸をとるとき，任意の位置 x における垂直変位 y を**たわみ**（deflection），たわみ曲線上の接線と x 軸とのなす角 θ を**たわみ角**（angle of deflection）という．図 3.23 を参照すると，たわみ曲線上の微小区間 PQ の長さ ds は，曲率半径 ρ と微小角 $d\theta$ を用いて $ds = -\rho\, d\theta$ で与えられる[*42]．したがって，曲率半径の逆数（曲率）とたわみ角との間には

[*41] 繊維強化プラスチックの層間せん断強度を評価するため，$l/h = 5$ として 3 点曲げ試験を実施する場合があります．

[*42] 点 P が x 軸の正方向に進むとたわみ角 θ は減少するので符号は負 "−" となっています．

$$\frac{1}{\rho} = -\frac{d\theta}{ds} \tag{3.29}$$

の関係がある．はりのたわみ y は十分に小さいことから，θ は微小であり[*43]，$ds \approx dx$, $\theta \approx \tan\theta = dy/dx$ が成立するので，式 (3.29) は

$$\frac{1}{\rho} = -\frac{d^2 y}{dx^2} \tag{3.30}$$

となる．さらに，式 (3.22) から ρ を求めて上式に代入すると，たわみ曲線 y の微分方程式が次のように導かれる．

$$\frac{d^2 y}{dx^2} = -\frac{M}{EI} \tag{3.31}$$

式 (3.31) を 1 回積分するとたわみ角 $\theta = dy/dx$ が，さらにもう 1 回積分するとたわみ y が求まる．この不定積分の際に導入される積分定数は，はりの支持方法によって定められる**境界条件**（boundary condition）から求められる．

3.2 節と 3.3 節で考えてきた図 3.3(a) のような自由端に集中荷重 P を受ける長さ l の片持ちはりのたわみ角 $\theta(x)$ およびたわみ曲線 $y(x)$ を求めてみよう．固定端 A から任意の位置 x における曲げモーメント M は式 $(3.5)_2$ で与えられる．これを式 (3.31) に代入すると，たわみ曲線の微分方程式

$$\frac{d^2 y}{dx^2} = \frac{P}{EI}(l - x) \tag{3.32}$$

が得られる．この式を積分すると，たわみ角 $\theta = dy/dx$ とたわみ y は，それぞれ

$$\theta = \frac{dy}{dx} = \frac{P}{EI}\left(lx - \frac{x^2}{2}\right) + C_1, \quad y = \frac{P}{EI}\left(\frac{lx^2}{2} - \frac{x^3}{6}\right) + C_1 x + C_2 \tag{3.33}$$

となる[*44]．ここで，C_1, C_2 は積分定数で境界条件から求めることができる．固定

[*43] 材料力学では，変位は十分に小さいと仮定しています．

[*44] $(l - x)$ を合成関数として積分すれば，

$$\theta = \frac{dy}{dx} = \frac{P}{EI}\left[\frac{1}{2}(l-x)^2 \frac{d}{dx}(l-x)\right] + C_1 = -\frac{P}{2EI}(l-x)^2 + C_1$$

となりますので，$x = l$ での境界条件を適用する際に計算が簡単になりますね．例題 3.11 で使います．

端 A ($x = 0$) では回転も移動もできないので，たわみ角 θ とたわみ y が 0 である．すなわち，境界条件は次式で与えられる．

$$x = 0 \quad \text{で} \quad \frac{dy}{dx} = 0, \quad y = 0 \tag{3.34}$$

これらの境界条件に式 (3.33) を代入すると，積分定数は $C_1 = C_2 = 0$ と決まり，たわみ角とたわみ曲線が次のように求められる．

$$\theta = \frac{dy}{dx} = \frac{P}{2EI}(-x^2 + 2lx), \quad y = \frac{P}{6EI}(-x^3 + 3lx^2) \tag{3.35}$$

最大たわみ角 $\theta_{\max}$ および最大たわみ $y_{\max}$ は，はりの自由端 ($x = l$) で生じ，次のように得られる．

$$\theta_{\max} = \left(\frac{dy}{dx}\right)_{x=l} = \frac{Pl^2}{2EI}, \quad y_{\max} = (y)_{x=l} = \frac{Pl^3}{3EI} \tag{3.36}$$

曲げ剛性 EI が大きいほど，最大たわみ角 $\theta_{\max}$ と最大たわみ $y_{\max}$ は小さくなる．

例題 3.11 （任意の位置に集中荷重を受ける単純支持はり）

図 3.5(a) のような点 C で集中荷重 P を受ける単純支持はりのたわみ角，たわみ，および $a > b$ のときの最大たわみを求めよ．ただし，はりの曲げ剛性を EI とする．

【解答】 3.2.3 項で述べたように，荷重点 C の左右で曲げモーメントの分布が異なるので，AC 間と CB 間の曲げモーメント M およびたわみ y にそれぞれ下付き添字 1, 2 をつけて区別する．

AC 間 ($0 \leq x < a$) では，例題 3.5 (p. 45) で得られた曲げモーメント $M_1 = (Pb/l)x$ をたわみ曲線の微分方程式 (3.31) に代入すると

$$\frac{d^2 y_1}{dx^2} = -\frac{M_1}{EI} = -\frac{Pb}{EIl}x$$

上式を順次積分して，次式を得る．

$$\frac{dy_1}{dx} = -\frac{Pb}{EIl}\left(\frac{x^2}{2} + C_1\right), \quad y_1 = -\frac{Pb}{EIl}\left(\frac{x^3}{6} + C_1 x + C_2\right) \tag{a}$$

同様に，CB 間 ($a \leq x \leq l$) では，曲げモーメント $M_2 = (Pa/l)(l-x)$ を式 (3.31) に代入すると

$$\frac{d^2 y_2}{dx^2} = -\frac{M_2}{EI} = -\frac{Pa}{EIl}(l-x)$$

3.4 はりのたわみ

上式を順次積分して，次式を得る．

$$\left.\begin{aligned}\frac{\mathrm{d}y_2}{\mathrm{d}x} &= \frac{Pa}{EIl}\left[\frac{(l-x)^2}{2}+C_3\right], \\ y_2 &= -\frac{Pa}{EIl}\left[\frac{(l-x)^3}{6}+C_3(l-x)+C_4\right]\end{aligned}\right\} \tag{b}$$

積分定数 $C_1 \sim C_4$ を境界条件から求める．はりの両端 $(x=0,l)$ でたわみが 0, 荷重の作用点 C $(x=a)$ でたわみ角とたわみが連続であることから，境界条件は

$$\left.\begin{aligned}x=0 &\quad \text{で} \quad y_1=0 \\ x=l &\quad \text{で} \quad y_2=0\end{aligned}\right\} \tag{c}$$

$$x=a \quad \text{で} \quad \frac{\mathrm{d}y_1}{\mathrm{d}x}=\frac{\mathrm{d}y_2}{\mathrm{d}x}, \quad y_1=y_2 \tag{d}$$

式 (c) の固定条件を式 (a) に代入して，積分定数 C_2, C_4 を求めると

$$C_2=0, \quad C_4=0 \tag{e}$$

また，上式と式 (d) の連続条件を用いて，積分定数 C_1, C_3 を求めると

$$C_1=-\frac{a(a+2b)}{6}, \quad C_3=-\frac{b(2a+b)}{6} \tag{f}$$

したがって，式 (e) と式 (f) を式 (a) と式 (b) にそれぞれ代入すれば，たわみ角とたわみが各区間で次のように求まる．

AC 間 $(0 \leq x < a)$：

$$\left.\begin{aligned}\frac{\mathrm{d}y_1}{\mathrm{d}x} &= \frac{Pb}{6EIl}\left[-3x^2+a(a+2b)\right] \\ y_1 &= \frac{Pb}{6EIl}x\left[-x^2+a(a+2b)\right]\end{aligned}\right\} \tag{g}$$

CB 間 $(a \leq x \leq l)$：

$$\left.\begin{aligned}\frac{\mathrm{d}y_2}{\mathrm{d}x} &= \frac{Pa}{6EIl}\left[3(l-x)^2-b(2a+b)\right] \\ y_2 &= \frac{Pa}{6EIl}(l-x)\left[-(l-x)^2+b(2a+b)\right]\end{aligned}\right\}$$

$a>b$ のとき，最大たわみは $\mathrm{d}y_1/\mathrm{d}x=0$ を満たす x の位置で生じる．すなわち，$a(a+2b)-3x^2=0$ から

$$x=\sqrt{\frac{a(a+2b)}{3}}=\sqrt{\frac{l^2-b^2}{3}}$$

上式を式 $(\mathrm{g})_2$ の y_1 に代入すると，最大たわみ $y_{\max}$ は

第 3 章 「はり」の曲げ

$$y_{\max} = \frac{Pb(l^2-b^2)\sqrt{l^2-b^2}}{9\sqrt{3}EIl}$$

なお，荷重の作用点 C がはり中央（$a = b = l/2$）にある場合，たわみは中央（$x = l/2$）で最大となり，最大たわみ $y_{\max}$ は

$$y_{\max} = \frac{Pl^3}{48EI}$$
∎

例題 3.12 （等分布荷重を受ける片持ちはり）

図 3.6(a) のような単位長さあたりの大きさ p の等分布荷重を受ける片持ちはりのたわみ角，たわみおよびそれらの最大値を求めよ．ただし，はりの曲げ剛性を EI とする．

【解答】 例題 3.6（p.46）で得られた曲げモーメント $M = -(p/2)(l-x)^2$ をたわみ曲線の微分方程式 (3.31) に代入すると

$$\frac{d^2y}{dx^2} = \frac{p}{2EI}(l-x)^2$$

積分を 2 回繰り返して導入される積分定数 C_1, C_2 は，はりの固定端（$x = 0$）の条件 $dy/dx = 0, y = 0$ より $C_1 = C_2 = 0$ と決まり，たわみ角とたわみは

$$\theta = \frac{dy}{dx} = \frac{p}{6EI}(x^3 - 3lx^2 + 3l^2x), \quad y = \frac{p}{24EI}(x^4 - 4lx^3 + 6l^2x^2) \qquad (a)$$

たわみ角とたわみは自由端（$x = l$）で最大となり，それぞれ次式のように得られる．

$$\theta_{\max} = \left(\frac{dy}{dx}\right)_{x=l} = \frac{pl^3}{6EI}, \quad y_{\max} = (y)_{x=l} = \frac{pl^4}{8EI}$$
∎

3.5 はりの複雑な問題

3.5.1 平等強さのはり

式 (3.27) で表されるように，一様な断面のはりでは曲げモーメントが最大となる危険断面で曲げ応力も最大となる．この最大曲げ応力が許容応力よりも小さくなるようにはりを設計する場合，危険断面以外の断面には必要以上の材料が使われることになり，費用がかかる[*45]．一方，各断面に生じる曲げ応力 $\sigma(x)$ が許

[*45] また，重くもなりますね．例えば自動車用の構造部材にこのような設計を取り入れたら，車の燃費が悪くなってしまいます．

3.5 はりの複雑な問題

容応力 σ_a と等しくなるように，曲げモーメントの大きさに応じて断面の寸法を変えると，軸方向 x に一様な強さを持ち，かつ，材料を節約した経済的で軽量なはりとなる．このようなはりは**平等強さのはり**（beam of uniform strength）と呼ばれ[*46]，橋，電車・自動車などの板ばね，航空機の翼桁などによく用いられている．

図 3.3(a) のような先端に集中荷重 P を受ける片持ちはりを考え，断面を高さ h，幅 b の長方形とする．この最大曲げ応力 $\sigma_{\max}$ は[*47]，式 (3.27) に式 (3.5)$_2$ を代入して，表 3.1 を考慮すると，次のように書ける．

$$\sigma_{\max} = \frac{|M_{\max}|}{Z} = \frac{|-Pl|}{Z} = \frac{6Pl}{bh^2} \tag{3.37}$$

ここでは最大曲げ応力の大きさのみを知ればよいので[*48]，最大曲げモーメントは絶対値をとっている．また，はりの断面形状は中立軸に対して対称であるので，断面係数を $Z = Z_1 = Z_2$ とおいている．

平等強さのはりにするためには，最大曲げ応力が軸方向 x に沿って一定となるように断面の寸法を決定すればよい．はりの許容応力として最大曲げ応力 $\sigma_{\max}$ を採用すれば，平等強さのはりとなる条件は

$$\sigma(x) = \sigma_a = \sigma_{\max} \tag{3.38}$$

である．固定端（$x=0$）における断面の高さと幅をそれぞれ h_0 および b_0 とすると，式 (3.37) から最大曲げ応力は

$$\sigma_{\max} = \frac{6Pl}{b_0 h_0^2} \tag{3.39}$$

となる．一方，任意の位置 x での曲げ応力は，式 (3.26) の $M(x)$ に式 (3.5)$_2$ を代入して表 3.1 と $y = -h/2$ を考慮すると[*49]，次式で与えられる．

[*46] 曲げ応力 $\sigma(x)$ が位置 x によらず，全ての断面で一定 $\sigma(x) = \sigma =$ const. となるはりのことです．
[*47] 3.3 節で考えましたね．
[*48] 断面の上下表面で生じる曲げ応力が引張であろうと圧縮であろうと気にしません．
[*49] 曲げ応力の大きさは $y = h/2$ と $y = -h/2$ で同じですが，圧縮応力よりも引張応力で壊れることが想像できますね．ですから，ここでは引張応力を生じる上表面の位置 $y = -h/2$ を用いています．

$$\sigma(x) = \frac{6P(l-x)}{bh^2} \tag{3.40}$$

式 (3.39) と式 (3.40) を式 (3.38) に代入すると，

$$\frac{6P(l-x)}{bh^2} = \frac{6Pl}{b_0 h_0^2}, \quad \therefore bh^2 = \frac{b_0 h_0^2 (l-x)}{l} \tag{3.41}$$

が得られる．上式から，平等強さの条件式 (3.38) を満足させるための方法は2つあることがわかる．すなわち，(i) 高さ h を一定にして幅 b を変化させる方法と，(ii) 幅 b を一定にして高さ h を変化させる方法である．

図 3.24 に示すように，$h = h_0$ の平等強さの片持ちはりを考えると，式 (3.41) は

$$b = \frac{b_0(l-x)}{l} \tag{3.42}$$

となり，幅 b は x の 1 次関数であるので，直線的に変化する．式 (3.39) より固定端の幅は

$$b_0 = \frac{6Pl}{\sigma_{\max} h_0^2} \tag{3.43}$$

と求まる．固定端（$x = 0$）および任意の位置 x における断面 2 次モーメント I_0

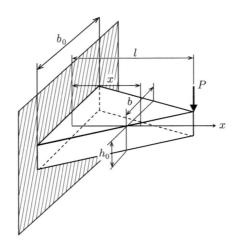

図 **3.24** 高さ一定の平等強さのはり

および $I(x)$ は，それぞれ次のように与えられる．

$$I_0 = \frac{b_0 h_0^3}{12}, \quad I(x) = \frac{bh_0^3}{12} = I_0\frac{l-x}{l} \tag{3.44}$$

これらを式 (3.31) に代入すると，たわみ曲線の微分方程式

$$\frac{d^2 y}{dx^2} = \frac{P}{EI}(l-x) = \frac{12Pl}{Eb_0 h_0^3} \tag{3.45}$$

が得られ，これを積分すれば[*50]

$$\frac{dy}{dx} = \frac{12Pl}{Eb_0 h_0^3}x + C_1, \quad y = \frac{6Pl}{Eb_0 h_0^3}x^2 + C_1 x + C_2 \tag{3.46}$$

となる．ここで，固定端 ($x=0$) の条件 $dy/dx = 0, y = 0$ より $C_1 = C_2 = 0$ と決まる．したがって，たわみは

$$y = \frac{6Pl}{Eb_0 h_0^3}x^2 \tag{3.47}$$

と求まる．また，自由端 ($x=l$) でたわみは最大となり，最大たわみ

$$y_{\max} = \frac{6Pl^3}{Eb_0 h_0^3} \tag{3.48}$$

が得られる．高さが一定である平等強さの片持ちはりの最大たわみは，断面が一様 ($b_0 \times h_0$) なはりの最大たわみ[*51] $y_{\max} = 4Pl^3/(Eb_0 h_0^3)$ と比べると 1.5 倍になっている．一方，片持ちはりの体積（重量）は半分になる．すなわち，たわみは大きくなるが，材料は節約できる．

> **例題 3.13**（幅一定の平等強さのはり）
> 図 3.25 に示すように，断面の幅 b が一定である長方形断面の平等強さの片持ちはりが自由端に集中荷重 P を受けるとき，自由端のたわみを求めよ．ただし，縦弾性係数を E とする．

[*50] I は x の関数です．たわみを求めるときに，$(P/EI)(l-x)$ を積分してはいけません．
[*51] 式 $(3.36)_2$ の I に $b_0 h_0^3/12$ を代入すれば求まります．

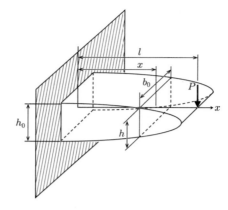

図 3.25 幅一定の平等強さのはり

【**解答**】 固定端 ($x=0$) における幅と断面 2 次モーメントをそれぞれ $b=b_0$ および $I=I_0$ とおくと，式 (3.41) は

$$h = h_0\sqrt{\frac{l-x}{l}}$$

また，任意の位置 x における断面 2 次モーメント $I(x)$ は

$$I(x) = \frac{b_0 h^3}{12} = I_0\left(\frac{l-x}{l}\right)\sqrt{\frac{l-x}{l}}$$

となる．たわみ曲線の微分方程式は

$$\frac{\mathrm{d}^2 y}{\mathrm{d}x^2} = \frac{P}{EI}(l-x) = \frac{Pl\sqrt{l}}{EI_0\sqrt{l-x}} = \frac{12Pl\sqrt{l}}{Eb_0 h_0^3 \sqrt{l-x}}$$

上式をはりの固定端 ($x=0$) の境界条件のもとで解くと，たわみは

$$y = \frac{16Pl\sqrt{l}}{Eb_0 h_0^3}\left[(l-x)\sqrt{l-x} + \frac{3}{2}\sqrt{l}\,x - l\sqrt{l}\right]$$

自由端 ($x=l$) における最大たわみは

$$y_{\max} = \frac{8Pl^3}{Eb_0 h_0^3} \qquad\blacksquare$$

3.5.2 重ね合わせ法

はりのたわみ曲線の微分方程式 (3.31) は線形であるため，基本的な荷重条件と支持条件を組み合わせた複雑なはりのたわみ角とたわみは，種々の荷重条件と支持条

件に対する解を重ね合わせて求めることができる．これを**重ね合わせ法**（method of superposition）という．

図 3.26(a) に示すように，自由端に集中荷重 P と全長に単位長さあたりの大きさ p の等分布荷重が作用している長さ l，曲げ剛性 EI の片持ちはりを考える．このはりのたわみ角とたわみを求めてみよう．

この問題の解は，図 3.26(b) に示すように，(i) 式 (3.35) で与えられる自由端に集中荷重が作用する問題[*52]のたわみ角 θ_1 およびたわみ y_1 と，(ii) 例題 3.12 の式 (a) で与えられる等分布荷重が作用する問題[*53]のたわみ角 θ_2 およびたわみ y_2 を重ね合わせることで求まる．すなわち，たわみ角 θ およびたわみ y は，それぞれ次式で与えられる．

$$\theta = \theta_1 + \theta_2 = \frac{P}{2EI}\left(-x^2 + 2\,lx\right) \\ + \frac{p}{6EI}(x^3 - 3\,lx^2 + 3\,l^2 x) \quad (3.49)$$

$$y = y_1 + y_2 = \frac{P}{6EI}(-x^3 + 3\,lx^2) \\ + \frac{p}{24EI}(x^4 - 4\,lx^3 + 6\,l^2 x^2) \quad (3.50)$$

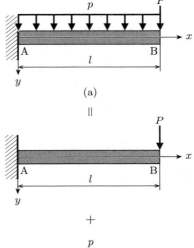

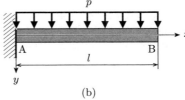

図 **3.26** 集中荷重と等分布荷重を受ける片持ちはり

3.5.3 不静定はり

これまで考えてきた片持ちはりや単純支持はりは，力とモーメントのつり合いだけで反力と反モーメントを求めることができる．一方，つり合いの式だけでは反力と反モーメントが求まらない不静定はりでは，たわみ角やたわみなどの適合条件を考慮して解く必要がある．このような不静定問題は，重ね合わせ法を利用することで容易に解けることがあるが，計算がより複雑になる場合もあるので注意が必要である．

[*52] 解に下付き添え字 1 をつけます．
[*53] 解に下付き添え字 2 をつけます．

例題 3.14 （重ね合わせ法：等分布荷重を受ける一端固定・他端支持はり）

図 3.27(a) に示すような全長に単位長さあたりの大きさ p の等分布荷重を受ける長さ l, 曲げ剛性 EI の一端固定・他端支持はりのたわみ角とたわみを求めよ．

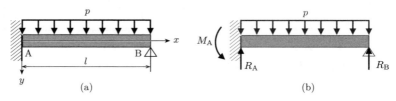

図 3.27 等分布荷重を受ける一端固定・他端支持はり（例題 3.14, 7.6）

【解答】 図 3.27(b) のように，固定端 A には反力 R_A と反モーメント M_A が，自由端 B には反力 R_B が生じる．y 方向の力と A 点回りのモーメントのつり合いは，それぞれ

$$-R_A + pl - R_B = 0, \quad M_A - (pl)\frac{l}{2} + R_B l = 0 \tag{a}$$

つり合いの式が2つで，未知変数が3つ（R_A, R_B, M_A）であるので不静定はりである．この問題を (i) 等分布荷重 p を受ける片持ちはりと，(ii) 自由端 B に集中荷重 R_B を受ける片持ちはりの2つの静定問題を重ね合わせて解く．

例題 3.12（p. 62）の式 (a)$_2$ と式 (3.35)$_2$ より，(i) と (ii) の静定はりのたわみ y_1 および y_2 は，それぞれ

$$y_1 = \frac{p}{24EI}(x^4 - 4lx^3 + 6l^2 x^2), \quad y_2 = \frac{R_B}{6EI}(-x^3 + 3lx^2)$$

重ね合わせることで，一端固定・他端支持はりのたわみ y は

$$y = y_1 + y_2 = \frac{p}{24EI}(x^4 - 4lx^3 + 6l^2 x^2) - \frac{R_B}{6EI}(-x^3 + 3lx^2) \tag{b}$$

境界条件が元の問題と一致するように「固定端 B（$x = l$）でたわみが 0（$y = 0$）」という適合条件を課すことで，反力 R_B は

$$\frac{p}{24EI}(l^4 - 4l^4 + 6l^4) - \frac{R_B}{6EI}(-l^3 + 3l^3) = 0, \quad \therefore R_B = \frac{3pl}{8} \tag{c}$$

と求まる．これを式 (a) に代入すると，残りの反力 R_A と反モーメント M_A は

$$R_A = \frac{5pl}{8}, \quad M_A = \frac{pl^2}{8}$$

式 (c) を式 (b) に代入するとたわみは

$$y = \frac{p}{48EI}(2x^4 - 5lx^3 + 3l^2x^2)$$

これを微分したものがたわみ角で

$$\theta = \frac{dy}{dx} = \frac{p}{48EI}x(8x^2 - 15lx + 6l^2)$$

不静定はりの反力と反モーメントが求まれば，静定はりと同じようにせん断力と曲げモーメントも求めることができる．■

例題 3.15 （重積分法：等分布荷重を受ける両端固定はり）

図 3.28(a) に示すような全長に単位長さあたりの大きさ p の等分布荷重を受ける長さ l，曲げ剛性 EI の両端固定はりのたわみと曲げモーメントを求めよ．

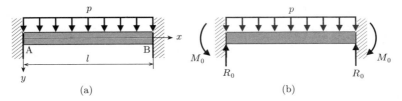

図 **3.28** 等分布荷重を受ける両端固定はり（例題 3.15）

【解答】 図 3.28(b) に示すように，両端での反力と反モーメントはそれぞれ等しいので，それらを R_0, M_0 とすると，y 方向の力のつり合いから R_0 は

$$-R_0 + pl - R_0 = 0, \quad \therefore R_0 = \frac{pl}{2} \tag{a}$$

と求まる[*54]．反モーメント M_0 を決定するため，はりのたわみを考える．左端から任意の位置 x におけるせん断力 F，曲げモーメント M は，式 (a) を考慮して

$$F = R_0 - px = \frac{p(l-2x)}{2}$$
$$M = -M_0 + R_0 x - (px)\frac{x}{2} = -M_0 + \frac{pl}{2}x - \frac{p}{2}x^2$$

たわみ曲線の微分方程式は

$$\frac{d^2y}{dx^2} = -\frac{1}{EI}\left(-M_0 + \frac{pl}{2}x - \frac{p}{2}x^2\right)$$

順次積分すると

[*54] 引き続き，モーメントのつり合いを考えてみましょう．あれっ？ M_0 が決定できませんね．

$$\frac{\mathrm{d}y}{\mathrm{d}x} = -\frac{1}{EI}\left(-M_0 x + \frac{pl}{4}x^2 - \frac{p}{6}x^3 + C_1\right)$$

$$y = -\frac{1}{EI}\left(-\frac{M_0}{2}x^2 + \frac{pl}{12}x^3 - \frac{p}{24}x^4 + C_1 x + C_2\right)$$

固定端 ($x=0$) の条件 $\mathrm{d}y/\mathrm{d}x=0, y=0$ より,未知定数は $C_1 = C_2 = 0$ と決まる.また,中央 ($x=l/2$) でたわみ角が 0 ($\mathrm{d}y/\mathrm{d}x=0$) であるから

$$M_0 = \frac{pl^2}{12}$$

したがって,たわみと曲げモーメントはそれぞれ次式のようになる.

$$y = \frac{p}{24EI}x^2(l-x)^2, \quad M = -\frac{p}{12}(6x^2 - 6lx + l^2)$$

ところで,はりの中央 ($x=l/2$) でたわみが最大となり,また,はりの両端 ($x=0, l$) で曲げモーメントが最大となるので,最大たわみ $y_{\max}$ と最大曲げモーメント $M_{\max}$ はそれぞれ次式のようになる.

$$y_{\max} = (y)_{x=l/2} = \frac{pl^4}{384EI}, \quad M_{\max} = (M)_{x=0,l} = M_0 = \frac{pl^2}{12} \qquad \blacksquare$$

演習問題

3.1 図 3.29 のように,長さ l の片持ちはりの自由端に集中荷重 P が作用しているとき,固定端における反力および反モーメントを求めよ.

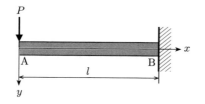

図 3.29 自由端に集中荷重を受ける片持ちはり(演習問題 3.1)

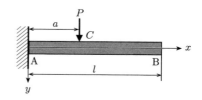

図 3.30 任意の位置に集中荷重を受ける片持ちはり(演習問題 3.2)

3.2 図 3.30 のように,固定端 A から距離 a の位置 C に集中荷重 P を受ける長さ l の片持ちはりを考える.任意断面に生じるせん断力と曲げモーメントを求めよ.

3.3 図 3.31 のように,支点 A, B から距離 a の位置 C, D にそれぞれ集中荷重 $P/2$ を受ける長さ l の単純支持はりを考える[*55].このときの SFD と BMD を描き,3 点曲げの場合と比較せよ.

[*55] 4 点曲げといいます.

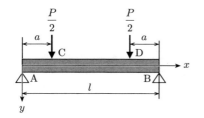
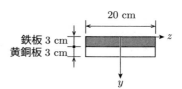

図 **3.31** 複数の集中荷重を受ける単純支持はり（演習問題 3.3, 3.7）

図 **3.32** 組合せはり（演習問題 3.4）

3.4 図 3.32 のような高さ 3 cm，幅 20 cm の断面形状を持つ鉄板と同寸法の黄銅板をはり合わせ，一体とした板がある．この板が z 軸回りの曲げモーメントによって曲げられるとき，中立軸の位置を求めよ．ただし，鉄と黄銅のヤング率をそれぞれ 206 GPa，110 GPa とする．

3.5 図 3.33(a)～(e) のように，1 辺が 1 cm で同じ大きさの正方形 12 個を組み合わせてできる断面形状を考える．図心を通る z 軸に関する断面 2 次モーメントを求め，最も大きいものを選択せよ．

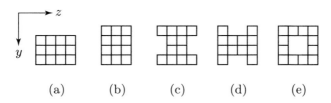

図 **3.33** さまざまな断面のはり（演習問題 3.5）

3.6 図 3.34 のように，長さ l，高さ h，幅 b の両端支持はりが中央に集中荷重 P を受けている．このはりが応力 σ_c で破断するとき，破断荷重を求めよ．

3.7 問題 3.3 の 4 点曲げにおいて，最大せん断応力と最大曲げ応力の比 τ_{max}/σ_{max} を求めよ．ただし，はりは高さ h，幅 b の長方形断面とする．

3.8 図 3.35 のように，三角形状分布荷重 $p(x)$ を受ける長さ l，曲げ剛性 EI の単純支持はりを考え，$x = l$ における分布荷重 p の大きさを p_0 とする．たわみ角およびたわみを求めよ．

3.9 図 3.36 のような自由端にモーメント荷重 M_0 を受ける長さ l，曲げ剛性 EI の片持ちはりを考える．たわみ角とたわみを求めよ．

3.10 断面形状が円形で長さが l の片持ちはりの自由端に集中荷重 P が作用するとき，平等強さのはりとなるようにするためには，直径 d を軸方向に関してどのように

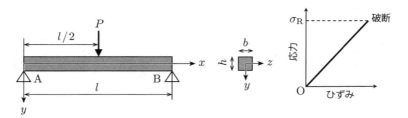

図 3.34 3点曲げ試験の破断荷重（演習問題 3.6）

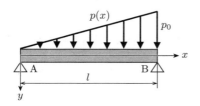

図 3.35 三角形状分布荷重を受ける単純支持はり（演習問題 3.8）

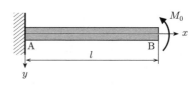

図 3.36 自由端に曲げモーメントを受ける片持ちはり（演習問題 3.9）

変化させればよいか決定せよ．ただし，固定端における直径を d_0 とする．

3.11 図 3.37 のように，一端が固定され，他端がばねで支持されている長さ l，曲げ剛性 EI のはりに等分布荷重 p が作用するとき，ばね支持端のたわみを求めよ．ただし，ばね定数を k とする．

3.12 図 3.38 のように，三角形状分布荷重 $p(x)$ を受ける長さ l，曲げ剛性 EI の両端固定はりを考え，$x=l$ における分布荷重 p の大きさを p_0 とする．固定端に生じる反力と反モーメントを求めよ．

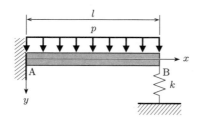

図 3.37 先端がばねで支持されている片持ちはり（演習問題 3.11）

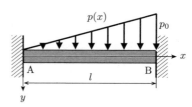

図 3.38 三角形状分布荷重を受ける両端固定はり（演習問題 3.12）

第4章
「軸」のねじり

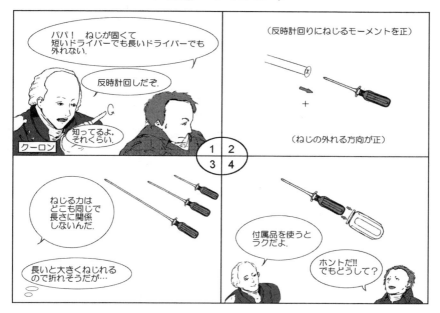

4.1 丸軸のねじり

　モーターやエンジンなどの機器で発生した仕事（エネルギー）は，軸（shaft）を介して回転により伝達され，船舶，自動車，飛行機などの推力として利用されている．これらの軸は，ねじり（torsion）を受けて，せん断変形を生じる．軸を回転させるモーメントはトルク（torque）と呼ばれ，回転エネルギーを伝達する機器の設計では，トルクを受ける丸軸[*1]のねじりについて理解しておくことが重要になる．

[*1] 円形断面の棒．

4.1.1 中実丸軸

図 4.1(a) に示すように，軸の左端が剛体壁に固定され，右端にトルク T_0（荷重）が作用している長さ l，直径 d の中実丸軸[*2]を考える．トルクにより軸の両端面間には角度変化（変位）が生じ，これを**ねじれ角**[*3]（angle of torsion）φ という．この中実丸軸に生じる応力–ひずみの関係と荷重（トルク）–変位（ねじれ角）

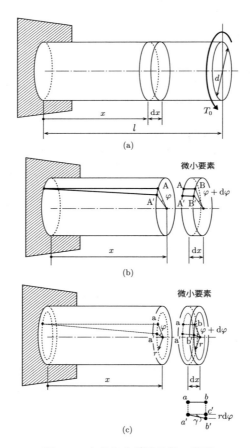

図 4.1 ねじりを受ける軸の変形

[*2] 文字通り中身のつまった丸軸のことです．
[*3] ねじれ角 φ は位置 x に依存します．

の関係を求めてみよう.

図 4.1(b) は，壁から x および $x+\mathrm{d}x$ だけ離れた断面間の微小要素を示したものである．この中実丸軸の微小長さ $\mathrm{d}x$ に生じる内力は，軸回りのモーメント，すなわちねじりモーメント（torsional/twisting moment）T のみであり，外力のトルク T_0 とのつり合いから $T=T_0$ となる[*4]．いま，図 4.2 に示すように，任意の位置 x における仮想断面の外向き法線ベクトルの向きに沿って，右ねじが進行するように作用するねじりモーメント $T(x)$ の符号を正とし，それによって生じるねじれ角 φ の符号を正と定義する．微小要素に生じるねじりモーメントの変化量を $\mathrm{d}T$，微小な角度変化（変位）を $\mathrm{d}\varphi$ とおくとき，単位長さあたりのねじれ角

$$\theta = \frac{\mathrm{d}\varphi}{\mathrm{d}x} \tag{4.1}$$

を比ねじれ角（specific angle of torsion）という[*5]．任意の位置 x におけるねじれ角 φ は，上式を積分して

$$\varphi = \int_0^x \theta\,\mathrm{d}x = \theta x \tag{4.2}$$

となり，x に比例することがわかる．また，長さ l の丸軸の両端面間における全体のねじれ角 φ は

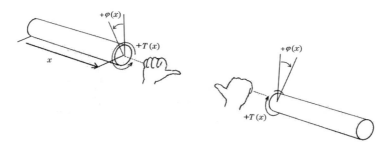

図 4.2　ねじれ角とねじりモーメントの正負

[*4] 本章では，内部の状態を考えるときはねじりモーメント（内力）T，軸全体での状態を考えるときにはトルク（外力）T_0 を用いて区別します．内力としてのねじりモーメント T は，T_0 と大きさが同じで向きが反対 "$-T+T_0=0$" です．式 (1.1) を参照．

[*5] ねじれ角は軸の長さに依存しますので，比ねじれ角を定義しておくと便利です．たわみ角と同じ記号 θ ですので，注意しましょう．

第4章 「軸」のねじり

$$\varphi = \theta l \tag{4.3}$$

となる．

図 4.1(b) のように，中実丸軸の外表面上の直線 AB は，ねじりを受けて直線 A′B′ に移る．同時に，図 4.1(c) のように，任意の半径 r （$0 \leq r \leq d/2$）の位置にある直線 ab は，ねじりを受けて a′b′ に移る．この半径 r の点に生じるせん断ひずみは，式 (1.10) と図 1.11 を参照して

$$\gamma = \frac{\mathrm{c'b'}}{\mathrm{a'c'}} = \frac{r\,\mathrm{d}\varphi}{\mathrm{d}x} = r\theta \tag{4.4}$$

と表される[*6]．また，上式をフックの法則 (1.22) に代入すると，半径 r の点に生じるせん断応力は次のように書ける．

$$\tau = G\gamma = Gr\theta \tag{4.5}$$

式 (4.4) と式 (4.5) から，せん断ひずみとせん断応力は中心からの距離 r に比例して増大し，次式のように丸軸の表面（$r = d/2$）で最大となる．

$$\gamma_{\mathrm{max}} = \left(\frac{d}{2}\right)\theta, \quad \tau_{\mathrm{max}} = G\left(\frac{d}{2}\right)\theta \tag{4.6}$$

式 (4.5) と式 $(4.6)_2$ から $G\theta$ を消去すると，断面内のせん断応力は

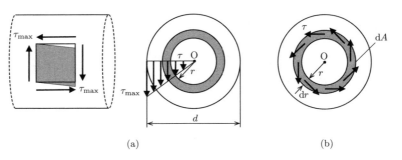

図 4.3 軸のせん断応力分布

[*6] ねじられた後も半径 r は変わらないと考えます．フランスの物理学者・土木技師であるシャルル・オーギュスタン・クーロン（1736〜1806）によって仮定されました．したがって，弧 c′b′ の長さは $r\,\mathrm{d}\varphi$ です．

$$\tau = \frac{r}{(d/2)}\tau_{\max}, \quad (0 \le r \le d/2) \tag{4.7}$$

となり，図 4.3(a) に示すように，軸の中心 $r=0$ から外半径 $r=d/2$ に沿って線形に分布していることがわかる[*7]．

> **例題 4.1** （軸の最大せん断応力）
> 直径 $d = 50\,\mathrm{mm}$，長さ $l = 480\,\mathrm{mm}$，横弾性係数 $G = 73.7\,\mathrm{GPa}$ のステンレス鋼製中実丸棒をねじり試験機[*8]にかけてねじれ角を測定したところ，$0.6°$ であった．軸に生じている最大せん断応力を求めよ．

【解答】 式 (4.3) を式 (4.6)$_2$ に代入すると，最大せん断応力はねじれ角 φ を用いて，次のように求まる[*9]．

$$\tau_{\max} = G\left(\frac{d}{2}\right)\theta = G\left(\frac{d}{2}\right)\frac{\varphi}{l} = 40.2\,\mathrm{MPa} \tag{a}$$

∎

任意の位置 x における断面内のせん断応力 τ は，内力としてのねじりモーメント T で表すことができる．図 4.3(b) のように，任意の位置 r から微小半径 dr で囲まれた微小リングの面積[*10] $dA \approx 2\pi r\, dr$ に作用するせん断力は τdA であるから，この力によるねじりモーメント dT は

$$dT = \tau\, dA \times r = \tau(2\pi r\, dr)\times r = 2\pi r^2 \tau\, dr \tag{4.8}$$

で与えられる．したがって，軸の断面全体に生じるねじりモーメント T は，式 (4.8) を断面全体にわたって積分し，フックの法則 (4.5) を代入して

$$\begin{aligned}T &= \int_A dT = \int_A 2\pi r^2 (Gr\theta)\, dr = G\theta \int_A r^2 (2\pi r)\, dr \\ &= G\theta \int_A r^2\, dA = G\theta I_\mathrm{p}\end{aligned} \tag{4.9}$$

[*7] 変形後，軸の表面にある正方形の要素はひし形（グレー部分）になります．一方，断面は平面を保ち円形のままです．これもクーロンによって仮定されたようです．

[*8] ねじり試験機とは，試験片にねじり方向の静的な力を加えトルクや角度を評価する装置です．

[*9] $2.30\,\mathrm{GPa}$ となったら間違いですよ．φ に $0.6°$ をそのまま代入してはいけません．

[*10] リングの長さ $2\pi r$（円周）と半径の増分 dr の積です．面積を求めるとき，リングを細長い長方形と見なしています．

となる．断面2次極モーメント I_p は，断面形状によるねじりにくさを表し，円形断面の場合 $r=0$ から $r=d/2$ まで積分して

$$I_p = \int_A r^2 \, dA = \int_0^{d/2} r^2 (2\pi r) \, dr = \frac{\pi d^4}{32} \tag{4.10}$$

と求まる[*11]．式 (4.9) から比ねじれ角 θ とねじりモーメント T の関係が，また，式 (4.3) を考慮するとねじれ角 φ とねじりモーメント T の関係が，それぞれ次式のように表される．

$$\theta = \frac{T}{GI_p}, \quad \varphi = \frac{T}{GI_p} l \tag{4.11}$$

ここで，GI_p はねじり剛性（torsional rigidity）と呼ばれる[*12]．この剛性の値が高いほど，ねじりにくいことを意味する[*13]．以上のように，ねじりの問題では，応力–ひずみの関係，荷重–変位の関係は，せん断応力–せん断ひずみの関係，ねじりモーメント–ねじれ角の関係にそれぞれ対応している．

式 $(4.11)_1$ を式 (4.5) および式 $(4.6)_2$ に代入すると，せん断応力 τ および最大せん断応力 $\tau_{\max}$ とねじりモーメント T の関係が，それぞれ

$$\tau = \frac{Tr}{I_p}, \quad \tau_{\max} = \left(\frac{d}{2}\right)\frac{T}{I_p} = \frac{T}{Z_p} \tag{4.12}$$

と求まる．ここで，$Z_p = I_p/(d/2)$ は**極断面係数**（polar modulus of section）と呼ばれる．

> **例題 4.2** （ボルトの最大せん断応力）
> 図 4.4 に示すように，腕の長さ l のスパナに力 P を与え，直径（谷径）d のボルトを締め付けた．このとき，トルクによりボルトに加わる最大せん断応力を求めよ．

[*11] 例題 3.8 で出てきましたね．
[*12] あるいは，「ねじりこわさ」ともいいます．
[*13] G と I_p のどちらも高ければ高いほど，軸の強度を高めることになりますが，コストや重量の問題が生じます．

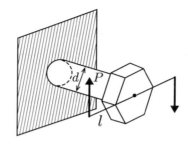

図 **4.4** ボルトの最大せん断応力（例題 4.2）

【解答】 ボルトに加わるトルクを T_0 とすると，軸にはねじりモーメント $T = T_0 = lP$ が作用する．中実断面の2次極モーメントは $I_\mathrm{p} = \pi d^4/32$ であるので，式 $(4.12)_2$ より最大せん断応力 τ_max は

$$\tau_\mathrm{max} = \frac{16T}{\pi d^3} = \frac{16\,lP}{\pi d^3}$$

■

4.1.2 中空丸軸

図 4.5 に示すような中空丸軸（外径 d_o，内径 d_i）に関するねじりの公式は，断面2次極モーメント I_p が異なる点*14を除いて，中実丸軸のものと同一である．表 4.1 に中実丸軸と中空丸軸の断面2次極モーメントと極断面係数を示す．

材料と断面積が等しい中実丸軸（直径 d）と中空丸軸（外径 d_o，内径 d_i）が耐えることのできる最大のねじりモーメントを比較してみよう．同じ材料であるの

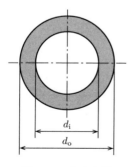

図 **4.5** 中空丸軸

表 **4.1** 中実丸軸と中空丸軸の断面2次極モーメントと極断面係数

	中実丸軸 （直径 d）	中空丸軸 （内径 d_i，外径 d_o）
断面2次極モーメント I_p	$\dfrac{\pi d^4}{32}$	$\dfrac{\pi(d_\mathrm{o}^4 - d_\mathrm{i}^4)}{32}$
極断面係数 Z_p	$\dfrac{\pi d^3}{16}$	$\dfrac{\pi(d_\mathrm{o}^4 - d_\mathrm{i}^4)}{16\,d_\mathrm{o}}$

---

*14 式 (4.10) で積分範囲を $d_\mathrm{i}/2$ から $d_\mathrm{o}/2$ にとって積分すれば求まりますね．

第 4 章 「軸」のねじり

で，両軸の**許容せん断応力** (allowable shearing stress) τ_a は等しい．中実丸軸と中空丸軸のねじりモーメントおよび断面 2 次極モーメントをそれぞれ T, T' および I_p, I'_p とすると，中実丸軸のねじりモーメントに対する中空丸軸のねじりモーメントの比 T'/T は，式 (4.12)$_2$ の $\tau_{\max}$ に τ_a を代入して，次のようになる．

$$\frac{T'}{T} = \frac{\tau_a Z'_p}{\tau_a Z_p} = \frac{d_o^4 - d_i^4}{d^3 d_o} \tag{4.13}$$

断面積を A とすると，中実丸軸と中空丸軸で等しいので，

$$A = \pi \left(\frac{d^2}{4}\right) = \pi \left(\frac{d_o^2}{4} - \frac{d_i^2}{4}\right), \quad \therefore d^2 = d_o^2 - d_i^2 \tag{4.14}$$

の関係が得られ，これを式 (4.13) に代入すると，次式が求まる．

$$\frac{T'}{T} = \frac{d_o^4 - d_i^4}{d^3 d_o} = \frac{d_o^2 + d_i^2}{d_o \sqrt{d_o^2 - d_i^2}} = \frac{(d_o/d_i)^2 + 1}{(d_o/d_i)\sqrt{(d_o/d_i)^2 - 1}} \quad (>1) \tag{4.15}$$

例えば，$d_o = 2d_i$ の中空丸軸を考えた場合は $T'/T = 1.44$ となり，中空丸軸は同じ断面積の中実丸軸に比べて 44 % 高いねじりモーメントに耐えることができる．

例題 4.3（軸の設計）
ねじりモーメント $T = 70\,\mathrm{Nm}$ を受ける外径 $d_o = 20\,\mathrm{mm}$ の中空丸軸を使用したい．材料の許容せん断応力を $\tau_a = 50\,\mathrm{MPa}$ とするとき，内径 d_i を決定せよ．

【解答】 式 (1.23) をせん断応力に関して表すと

$$\tau_d \leq \tau_a = \frac{\tau_r}{S}, \quad S > 1$$

設計せん断応力 τ_d には最大せん断応力 $\tau_{\max}$ が用いられるので，式 (4.12)$_2$ と表 4.1 より

$$\tau_a \geq \tau_{\max} = \frac{T}{Z_p} = \frac{16\,d_o T}{\pi(d_o^4 - d_i^4)}, \quad \therefore (d_o^4 - d_i^4) \geq \frac{16\,d_o T}{\pi \tau_a}$$

したがって，内径は次式を満足するように決定される[*15]．

$$d_i \leq \sqrt[4]{d_o^4 - \frac{16\,d_o T}{\pi \tau_a}} \leq 11.48 \times 10^{-3}\,\mathrm{m}, \quad \therefore d_i = 11.4\,\mathrm{mm} \quad \blacksquare$$

[*15] 四捨五入してはいけませんよ．不等式の意味を考えましょう．

4.1.3 伝動軸の設計

自動車のドライブシャフト，船舶や飛行機のプロペラシャフトなどのように，回転によって仕事（エネルギー）を伝える軸を**伝動軸**という．伝動軸の単位時間あたりの仕事が**動力**（power）であり，その大きさは負荷されたトルクと回転速度によって変化する．伝動軸の設計では，要求された動力と回転速度（回転数）を満足しつつ，回転軸の直径を材料の許容せん断応力あるいは許容ねじれ角を超えないように決定することが重要となる．

図 4.6 に示すように，一定のトルク T_0 を伝達している回転軸を考える．この回転軸がする仕事 W [Nm] は，トルク T_0 と回転角 ϕ [rad] の積 $W = T_0\phi$ で与えられる．したがって，回転軸の角速度を ω [rad/s] とすると，動力 H [Nm/s] は単位時間あたりにする仕事であるから

$$H = \frac{dW}{dt} = T_0 \frac{d\phi}{dt} = T_0 \omega \text{ [W]} \tag{4.16}$$

と表される．動力の単位には W が用いられる[*16]．また，動力は単位時間あたりの回転数 n [1/s] あるいは周波数 n [Hz] = n [1/s] を用いて表されることも多い．回転数を角速度に変換すると $\omega = 2\pi n$ であるから，式 (4.16) は

$$H = 2\pi n T_0 \text{ [W]} \tag{4.17}$$

と書き換えられる．1 分間あたりの回転数を表す単位 [rpm]（revolution per minute）[*17]もよく用いられる．n [rpm] = $n/60$ [1/s] より $\omega = 2\pi n/60$ である

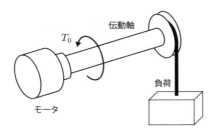

図 **4.6** モータと伝動軸

[*16] 1 Nm = 1 J，1 Nm/s = 1 J/s = 1 W ですね．
[*17] 自動車のメーターで見かけたことありませんか？ タコメーターといい，エンジンの回転数を表しています．

から，式 (4.16) は次のように書き表すこともできる．

$$H = \frac{2\pi n T_0}{60} \ [\text{W}] \tag{4.18}$$

> **例題 4.4** （軸の強度・剛性設計）
> 動力 H [W] および回転数 n [rpm] で伝動する直径 d の中実丸軸を設計したい．次の条件のもとで軸の直径 d をそれぞれ決定せよ．
>
> (i) 材料の許容せん断応力 τ_a が与えられたとき（軸の強度を制限）
> (ii) 軸の許容比ねじれ角 θ_a が与えられたとき（軸の剛性を制限）

【解答】 直径 d の中実断面を持つ伝動軸の設計は，式 (1.23) をせん断応力に関して表した次式を満たすように行われる[*18]．

$$\tau_{\max} \leq \tau_a, \quad S > 1 \tag{a}$$

(i) 式 $(4.12)_2$ を式 (a) に代入し，$T = T_0$ として式 (4.18) と表 4.1 を考慮すると

$$\tau_a \geq \tau_{\max} = \frac{T}{Z_p} = \frac{60H}{2\pi n} \frac{1}{Z_p} = \frac{60H}{2\pi n} \frac{16}{\pi d^3} \tag{b}$$

したがって

$$d \geq \sqrt[3]{\frac{480H}{\pi^2 n \tau_a}}$$

(ii) 許容されるねじり剛性から軸の直径を決定する場合，式 $(4.6)_2$ を利用する．すなわち，許容比ねじれ角 θ_a を用いて許容せん断応力を $\tau_a = G(d/2)\theta_a$ とし，式 (b) に代入すればよい．したがって

$$G\left(\frac{d}{2}\right)\theta_a \geq \frac{60H}{2\pi n}\frac{16}{\pi d^3}, \quad \therefore d \geq \sqrt[4]{\frac{960H}{\pi^2 n G \theta_a}}$$

軸が強度と剛性の両方で制限される場合には，それぞれ求めた径の大きい方を軸径とする．■

4.2 ねじりの静定問題

第 2 章，第 3 章では，外力と内力のつり合いだけで解ける「棒」の引張・圧縮問題，「はり」の曲げ問題を静定問題といった．同じように，外部から軸に作用す

[*18] 設計せん断応力 $\tau_d = \tau_{\max}$ ですね．

るトルク(外力)と内部に生じるねじりモーメント(内力としてのモーメント)のつり合いだけで解ける問題をねじりの静定問題という.

図 4.7(a) に示すように,直径と長さが異なる同一材料の 2 本の中実丸軸を点 C で直列に接続した段付き丸軸を考える.点 A で固定され,点 B にトルク T_0 が作用しているとき,各軸に生じるせん断応力とねじれ角を求めてみよう.軸 1 と軸 2 の直径および長さをそれぞれ d_1, d_2 および l_1, l_2,断面 2 次極モーメントをそれぞれ I_{p1}, I_{p2},横弾性係数を G とする.

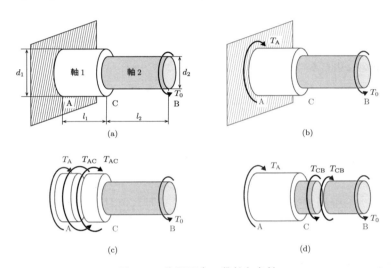

図 **4.7** 片側固定の段付き丸軸

固定端 A に生じる反モーメント T_A(図 4.7(b))は[*19],段付き丸軸全体のねじりモーメントのつり合いより

$$-T_A + T_0 = 0, \quad \therefore T_A = T_0 \tag{4.19}$$

となる.いま,図 4.7(c) のように,軸を AC 間の任意断面で仮想的に切断し,その左側の丸軸のモーメントのつり合いを考える.AC 間に生じるねじりモーメント T_{AC} は,式 (4.19) を考慮すると

$$-T_A + T_{AC} = 0, \quad \therefore T_{AC} = T_A = T_0 \tag{4.20}$$

[*19] 作用反作用の法則によって,壁から軸に作用するねじりモーメントのことです.

で与えられる[*20]．CB 間に生じるねじりモーメント T_{CB} は，同様に図 4.7(d) の左部分のつり合いより

$$-T_{\mathrm{A}} + T_{\mathrm{CB}} = 0, \quad \therefore T_{\mathrm{CB}} = T_{\mathrm{A}} = T_0 \tag{4.21}$$

となる．式 (4.20) と式 (4.21) から，段付き丸軸は一定のトルク T_0 をねじりモーメント（内力としてのモーメント）として受けていることがわかる[*21]．

各軸に生じるせん断応力は，式 $(4.12)_1$ より，次式で与えられる．

$$\tau_1 = \frac{T_{\mathrm{AC}}r}{I_{\mathrm{p1}}} = \frac{T_0 r}{I_{\mathrm{p1}}}, \quad \tau_2 = \frac{T_{\mathrm{CB}}r}{I_{\mathrm{p2}}} = \frac{T_0 r}{I_{\mathrm{p2}}} \tag{4.22}$$

また，各軸に生じるねじれ角は，式 $(4.11)_2$ より

$$\varphi_1 = \frac{T_0}{GI_{\mathrm{p1}}}l_1, \quad \varphi_2 = \frac{T_0}{GI_{\mathrm{p2}}}l_2 \tag{4.23}$$

となり，これらを足して式 (4.10) を用いると，固定端 A に対する点 B の（軸全体の）ねじれ角

$$\varphi = \varphi_1 + \varphi_2 = \left(\frac{l_1}{I_{\mathrm{p1}}} + \frac{l_2}{I_{\mathrm{p2}}}\right)\frac{T_0}{G} = \frac{32(d_2^4 l_1 + d_1^4 l_2)}{\pi d_1^4 d_2^4}\frac{T_0}{G} \tag{4.24}$$

が得られる．

例題 4.5 （片側固定の丸軸）

図 4.8 に示すように，点 A で固定された直径 60 mm のステンレス鋼製中実丸軸が点 B および点 C にそれぞれ $T_{0\mathrm{B}} = 2\,\mathrm{kNm}$ および $T_{0\mathrm{C}} = 3\,\mathrm{kNm}$ のトルクを受けている．このとき，固定端 A に対する自由端 B のねじれ角 φ を求めよ．AC 間と CB 間はそれぞれ $l_{\mathrm{AC}} = 400\,\mathrm{mm}$，$l_{\mathrm{CB}} = 600\,\mathrm{mm}$ であり，横弾性係数を $G = 73.7\,\mathrm{GPa}$ とする．

[*20] 図 4.7(c) の右側の段付き丸軸のつり合いからも同じ式が出てきます．確認してみましょう．
[*21] つり合いの式を解かなくても，理解できますか？

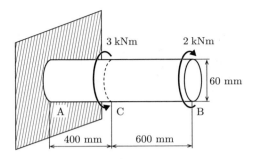

図 **4.8** 片側固定の丸軸（例題 4.5）

【解答】 ねじりモーメントのつり合いより，固定端 A に生じる反モーメント T_A は[*22]

$$T_A + T_{0C} - T_{0B} = 0, \quad \therefore T_A = -T_{0C} + T_{0B} = -1\,\mathrm{kNm}$$

AC 間に生じるねじりモーメント T_{AC} は，軸を AC 間の任意断面で仮想的に切断し，その左部分のモーメントのつり合いを考えて

$$T_A + T_{AC} = 0, \quad \therefore T_{AC} = -T_A = 1\,\mathrm{kNm}$$

CB 間に生じるねじりモーメント T_{CB} は，同様に軸を CB 間の任意断面で仮想的に切断し，その左部分のモーメントのつり合いを考えて

$$T_A + T_{0C} + T_{CB} = 0, \quad \therefore T_{CB} = -T_A - T_{0C} = -2\,\mathrm{kNm}$$

AC 間と CB 間のねじれ角をそれぞれ φ_{AC}, φ_{CB} とおくと，式 $(4.11)_2$ より

$$\varphi_{AC} = \frac{T_{AC}}{GI_p}l_{AC} = \frac{(1\times 10^3)(400\times 10^{-3})}{(73.7\times 10^9)\dfrac{\pi(60\times 10^{-3})^4}{32}} = 4.266\times 10^{-3}\,\mathrm{rad}$$

$$\varphi_{CB} = \frac{T_{CB}}{GI_p}l_{CB} = \frac{(-2\times 10^3)(600\times 10^{-3})}{(73.7\times 10^9)\dfrac{\pi(60\times 10^{-3})^4}{32}} = -12.80\times 10^{-3}\,\mathrm{rad}$$

したがって，固定端 A に対する自由端 B のねじれ角 φ は

$$\varphi = \varphi_{AB} = \varphi_{AC} + \varphi_{CB} = -8.534\times 10^{-3}\,\mathrm{rad} = -0.489°\quad\blacksquare$$

4.3 ねじりの不静定問題

図 4.9(a) に示すように，直径と長さが異なる同一材料の 2 本の中実丸軸を直列に接続した段付き丸軸を考える．接続部 C にトルク T_0 を作用させるとき，段

[*22] 混乱しないように，図中に T_A が正になるように矢印を描きましょう．

第 4 章 「軸」のねじり

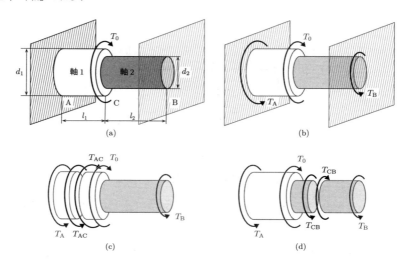

図 4.9 両端固定の段付き丸軸（例題 4.6）

付き丸軸の両端 A，B を固定するために必要なねじりモーメントと接続部のねじれ角を求めてみよう．軸 1 と軸 2 の直径および長さをそれぞれ d_1，d_2 および l_1，l_2，断面 2 次極モーメントをそれぞれ I_{p1}，I_{p2}，横弾性係数を G とする．

図 4.9(b) のように，両端の点 A および点 B を固定するために必要なねじりモーメントをそれぞれ T_A および T_B とする[*23]．このとき，ねじりモーメントのつり合いは

$$T_A - T_0 + T_B = 0 \tag{4.25}$$

である．未知量は 2 つ（T_A，T_B）あるので，1 つのつり合いの式だけでは解くことができない．すなわち，不静定問題である．2 つの未知量（T_A，T_B）を求めるためには，式 (4.25) に加えてもう 1 つの条件式すなわち適合条件式が必要となる．

両端が固定されているため，一端に対する他端（軸全体）のねじれ角 φ は 0 とならなければならない．そこで，AC 間と CB 間のねじれ角をそれぞれ φ_{AC}，φ_{CB} とすると，適合条件式は

$$\varphi = \varphi_{AC} + \varphi_{CB} = 0 \tag{4.26}$$

[*23] 図には，正 "+" となる向きの矢印を示しています．

4.3 ねじりの不静定問題

となる[*24]．上式をねじりモーメント T_A と T_B で表すため，各区間に生じるねじりモーメント T_{AC} と T_{CB} を求める．図 4.9(c) より，AC 間に生じるねじりモーメント T_{AC} は，次のようになる．

$$T_A + T_{AC} = 0, \quad \therefore T_{AC} = -T_A \tag{4.27}$$

また，図 4.9(d) より，CB 間に生じるねじりモーメント T_{CB} は，式 (4.24) を考慮して

$$T_A - T_0 + T_{CB} = 0, \quad \therefore T_{CB} = T_0 - T_A = T_B \tag{4.28}$$

となる．すなわち，AC 間および CB 間の断面に生じるねじりモーメントは，それぞれ $-T_A$ および T_B の一定値である[*25]．式 $(4.11)_2$ のねじりモーメント T に式 (4.27) の T_{AB} と式 (4.28) の T_{CB} を代入すると，適合条件式 (4.26) は，次のように T_A と T_B で表される．

$$\varphi = -\frac{T_A}{GI_{p1}}l_1 + \frac{T_B}{GI_{p2}}l_2 = 0, \quad \therefore -T_A l_1 I_{p2} + T_B l_2 I_{p1} = 0 \tag{4.29}$$

ねじりモーメントのつり合い式 (4.25) と適合条件式 (4.29) を T_A と T_B について連立して解けば

$$T_A = \frac{I_{p1}l_2}{I_{p1}l_2 + I_{p2}l_1}T_0, \quad T_B = \frac{I_{p2}l_1}{I_{p1}l_2 + I_{p2}l_1}T_0 \tag{4.30}$$

となり，式 (4.10) を用いて変形すると

$$T_A = \frac{d_1^4 l_2}{d_1^4 l_2 + d_2^4 l_1}T_0, \quad T_B = \frac{d_2^4 l_1}{d_1^4 l_2 + d_2^4 l_1}T_0 \tag{4.31}$$

が得られる．固定端 A に対する接続部 C のねじれ角 φ_C は，AC 間のねじれ角 φ_{AC} であるから

$$\varphi_C = \varphi_{AC} = \frac{-T_A}{GI_{p1}}l_1 = -\frac{32l_1 l_2}{\pi(d_1^4 l_2 + d_2^4 l_1)}\frac{T_0}{G} \tag{4.32}$$

と求まる．段付き丸軸にはトルク T_0 が作用している向きと同じ方向のねじれ角が生じる．

[*24] AC 間の部分のねじれ角と CB 間の部分のねじれ角が等しいという条件（$\varphi_{AC} = -\varphi_{CB}$）からも求まりますよ．
[*25] AC 間には，図 4.9(c) の T_A の向きと反対のねじりモーメントが生じていることになります．

例題 4.6 （両端固定の段付き丸軸）

図 4.9(a) のように，両端が固定された段付き丸軸の接続部 C にトルク T_0 が作用するとき，各軸に生じる最大せん断応力と接続部のねじれ角を求めよ．ただし，中実丸軸 AC と中実丸軸 CB は材料が異なり，横弾性係数をそれぞれ G_1, G_2 とする．

【解答】 ねじりモーメントのつり合いは，式 (4.25) で与えられる．図 4.9(b) のように，固定端 A, B のねじりモーメントを T_A, T_B とおき，式 (4.27), (4.28) を考慮すると，AC 間および CB 間の最大せん断応力とねじれ角は，式 $(4.12)_2$, $(4.11)_2$, 表 4.1 より

$$|\tau_{1\max}| = \frac{16 T_A}{\pi d_1^3}, \quad |\tau_{2\max}| = \frac{16 T_B}{\pi d_2^3}, \quad \varphi_1 = -\frac{32 T_A}{G_1 \pi d_1^4} l_1, \quad \varphi_2 = \frac{32 T_B}{G_2 \pi d_2^4} l_2 \quad \text{(a)}$$

軸全体のねじれ角は 0 なので，式 (a) から

$$\varphi_1 + \varphi_2 = 0, \quad \therefore \frac{32 T_A}{G_1 \pi d_1^4} l_1 = \frac{32 T_B}{G_2 \pi d_2^4} l_2 \quad \text{(b)}$$

式 (4.25) と式 (b) から，T_A, T_B を求めると

$$T_A = \frac{1}{1 + (G_2 d_2^4 l_1 / G_1 d_1^4 l_2)} T_0, \quad T_B = \frac{1}{1 + (G_1 d_1^4 l_2 / G_2 d_2^4 l_1)} T_0 \quad \text{(c)}$$

式 (c) を式 (a) に代入すると

$$|\tau_{1\max}| = \frac{16}{\pi d_1^3} \frac{T_0}{1 + (G_2 d_2^4 l_1 / G_1 d_1^4 l_2)}, \quad |\tau_{2\max}| = \frac{16}{\pi d_2^3} \frac{T_0}{1 + (G_1 d_1^4 l_2 / G_2 d_2^4 l_1)}$$

$$\varphi_1 = -\varphi_2 = -\frac{32 l_1 l_2 T_0}{\pi (G_1 d_1^4 l_2 + G_2 d_2^4 l_1)}$$

∎

演習問題

4.1 直径 25 mm，長さ 150 mm の中実丸軸にねじりモーメント 80 Nm を作用させたとき，ねじれ角が $0.32°$ であった．この材料の横弾性係数 G を求めよ．

4.2 長さ 2 m の高炭素鋼製中空車軸で 5 kNm のトルクを伝えたい．この車軸に生じるねじれ角が $2°$ 以下となるように，車軸の外径と内径を決定せよ．ただし，材料の許容せん断応力を 80 MPa，横弾性係数を 80 GPa とする．

4.3 直径 d_1 の中実丸軸と内径 d_1，外径 d_2 の中空丸軸のねじり剛性が等しいとき，重量比を求めよ．ただし，両軸の材料および長さは等しいものとする．

4.4 毎秒 60 回転している直径 30 mm の伝動軸（中実丸軸）の表面上に生じているせん断応力が 60 MPa であった．このとき，軸の動力を求めよ．

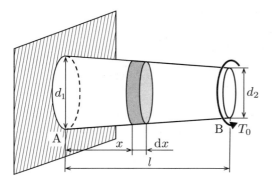
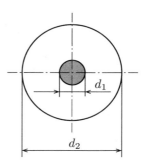

図 4.10 片側固定の円錐丸軸（演習問題 4.5）　　図 4.11 複合軸（演習問題 4.6）

4.5 図 4.10 に示すように，長さが l，直径が d_1 から d_2 へと一様に変化する中実丸軸が点 A で固定され，点 B でトルク T_0 が作用している．このとき，任意の位置 x に生じる最大せん断応力とねじれ角を求めよ．ただし，横弾性係数を G とする．

4.6 図 4.11 に示すように，ジュラルミン製の中実丸軸（長さ l，直径 d_1，横弾性係数 G_1）が鋼製のパイプ（長さ l，内径 d_1，外径 d_2，横弾性係数 G_2）の中に同心軸上に挿入され，両者が完全に接合されている複合軸を考える．この軸の両端にトルク T_0 が作用しているとき，ジュラルミン製の中実丸軸と鋼製のパイプに生じるそれぞれの最大せん断応力 $\tau_{\max 1}$，$\tau_{\max 2}$ を求めよ．

第5章
「柱」の座屈

5.1 座屈とは？

　細長い棒に軸方向の圧縮荷重を作用させるとき，荷重が小さければ棒は圧縮されて縮み，**安定**（stable）なつり合い状態を保つ．荷重を徐々に大きくし，ある限界値に達すると，棒は安定なつり合い状態から**不安定**（unstable）なつり合い状態へと移り，突然大きく曲がる．このような不安定な現象を**座屈**（buckling）といい[*1]，座屈を生じる限界の荷重を**座屈荷重**（buckling load）と呼ぶ．棒は，座屈を生じると圧縮荷重を支えることができなくなり，最終的に破損や破壊を引き

[*1] 座屈は細長い棒に特有の現象ではなく，ペットボトルを指で押すとぺこっとへこむ現象や，ポリエチレン製のレジ袋を引っ張ると「しわ」が現れる現象なども，座屈と呼ばれています．

起こすため，設計には注意が必要である．

軸方向に圧縮荷重を受ける真直ぐな棒を柱（column）という．柱は長さによって力学的挙動が異なるため，短柱と長柱に区別する必要がある．柱の長さが比較的短いものは短柱と呼ばれ，降伏点や破壊に至るまで圧縮荷重を支えることができる．一方，比較的長い柱は長柱と呼ばれ，圧縮により生じる応力が降伏応力よりはるかに小さくても座屈を生じる．

1.4 節の式 (1.23) で示されるとおり，部材の安全性と信頼性を確保するためには，設計応力 σ_d が許容応力 σ_a よりも小さくなるように設計する必要がある．本章では，柱が弾性座屈もしくは塑性降伏[*2]を生じる応力の限界値を基準強さ σ_r として求める．この点で本章で扱う内容は，設計応力 σ_d として最大応力を求めてきた第 4 章までとは異なる．これまでは変形前のつり合い状態を考えて設計応力を求めてきたが，柱の座屈荷重（座屈応力）を決定するためには，変形後のつり合い状態を考える必要がある．

5.2 偏心圧縮荷重を受ける柱

5.2.1 短柱

引張強さよりも圧縮強さの方が高い鋳鉄やコンクリートなどでつくられた柱は，断面全体が圧縮応力を受けるように使用されることが望ましい．いま，図 5.1 に示すような[*3]，軸心から e だけ偏心した圧縮荷重 P を受ける高さ h，幅 b の長方形断面の短柱（角柱）を考える．この短柱には圧縮荷重 P と曲げモーメント $P \times e$ が作用しているので[*4]，断面積を A，断面 2 次モーメントを I とすると，短柱に生じる応力は，圧縮応力[*5] $-P/A$ と曲げ応力[*6] $-Pey/I$ の和で表され，$A = bh$ と $I = bh^3/12$ を用いれば

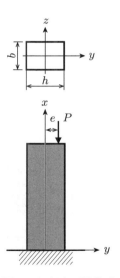

図 **5.1** 偏心圧縮荷重を受ける短柱

[*2] 柱の一部が塑性変形することによって引き起こされる損傷のことです．
[*3] 第 5 章では，x 軸を鉛直方向上向きに，y 軸を水平方向右向きにとります．
[*4] 重ね合わせ法が適用できます．
[*5] 式 (1.4) です．
[*6] 式 (3.23) です．

$$\sigma = -\frac{P}{bh} - \frac{12Pe}{bh^3}y \tag{5.1}$$

と求まる.また,断面の左端 ($y=-h/2$) と右端 ($y=+h/2$) の応力は

$$(\sigma)_{y=\pm h/2} = -\frac{P}{bh}\left(1 \pm \frac{6e}{h}\right) \tag{5.2}$$

となる.したがって,$e<h/6$ のときは,断面全体が圧縮応力状態である.一方,$e>h/6$ のとき,短柱には断面内で引張応力(左側)と圧縮応力(右側)が生じる.

短柱に生じる最大たわみ $y_{\max}$ は,短柱を自由端に曲げモーメント $M_0 = -Pe$ が作用するはり(長さ l,曲げ剛性 EI)と見なせるので,演習問題 3.9 から

$$y_{\max} = \frac{Pel^2}{2EI} \tag{5.3}$$

となる.

5.2.2 長柱

長柱のちょうど中心線上に軸圧縮荷重を作用させるのは,極めて難しい.そこで,図 5.2(a) に示すように,下端が固定され,上端に軸心から e だけ偏心した圧縮荷重 P が作用する長さ l,曲げ剛性 EI の長柱を考える.短柱と異なり,横方

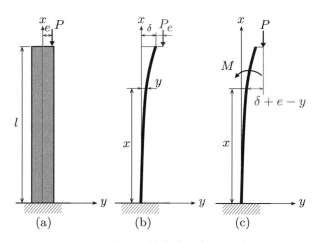

図 **5.2** 偏心圧縮荷重を受ける長柱

向のたわみは偏心量 e に比べて無視できない．図 5.2(b) のように，長柱の先端 $(x=l)$ におけるたわみを δ とすると，任意の位置 x における曲げモーメント M は

$$M = -P(\delta + e - y) \tag{5.4}$$

となる[*7]（図 5.2(c) 参照[*8]）．式 (5.4) を式 (3.31) に代入すると，たわみ曲線の微分方程式は次のように得られる[*9]．

$$\frac{d^2 y}{dx^2} + q^2 y = q^2(\delta + e), \quad q^2 = \frac{P}{EI} \tag{5.5}$$

境界条件は，柱の下端が固定されているので

$$x = 0 \quad \text{で} \quad y = 0, \quad \frac{dy}{dx} = 0 \tag{5.6}$$

となる．式 (5.5) の一般解は

$$y = C_1 \sin qx + C_2 \cos qx + \delta + e \tag{5.7}$$

で与えられる[*10]．ここで，C_1 と C_2 は未知定数であり，境界条件式 (5.6) から

$$C_1 = 0, \quad C_2 = -(\delta + e) \tag{5.8}$$

と決まる．これらを式 (5.7) に代入すると，たわみ曲線は

$$y = (\delta + e)(1 - \cos qx) \tag{5.9}$$

と求まる[*11]．

次に，柱の先端 $(x=l)$ におけるたわみ δ を決定する．$x = l$ のとき $y = \delta$ となるように式 (5.9) から δ を求めると

[*7] モーメントは「力 × 距離」ですが，距離を $l-x$ としてはいけませんよ．荷重の方向に注意して下さい．

[*8] 教科書の紙面を 90° 回転させると，図 3.7 と対応させて考えることができます．

[*9] 定数係数の 2 階線形常微分方程式です．

[*10] 一般解は基本解と特殊解の和です．基本解は "$C_1 \sin qx + C_2 \cos qx$" で，特殊解の "$\delta + e$" は式 (5.5) を満足するように決めます．

[*11] δ は未知です．ここで計算を終了してはいけません．まだ使用していない条件がありますね．

$$\delta = \frac{e(1-\cos ql)}{\cos ql} \tag{5.10}$$

が得られ，これを式 (5.9) に代入すると，たわみ曲線は

$$y = \frac{e(1-\cos qx)}{\cos ql} \tag{5.11}$$

となる[*12]．また，最大曲げモーメント $M_{\max}$ は，式 (5.4) より次のように求まる．

$$M_{\max} = -P(\delta+e) = -Pe\left(\frac{1}{\cos ql}\right) \tag{5.12}$$

式 (5.11) と式 (5.12) から，$\cos ql = 0$ のとき，すなわち $ql = \pi/2$ のとき，先端たわみ δ と最大曲げモーメント $M_{\max}$ は無限大になる．このときの荷重は式 $(5.5)_2$ から

$$P_{\mathrm{cr}} = \frac{\pi^2 EI}{4l^2} \tag{5.13}$$

と求まり，これが座屈荷重である．座屈荷重 P_{cr} は，柱の寸法 (l, I) と材料の縦弾性係数 E だけで決まり，柱の圧縮強さには無関係である．柱の長さ l が大きくなるほど，また，曲げ剛性 EI が小さくなるほど座屈荷重は小さくなり，座屈が生じやすくなる．

5.3 軸心に圧縮荷重を受ける柱

長柱の軸心に圧縮荷重が作用する場合にも，偏心圧縮荷重が作用する場合と同様な結果が得られる．いま，長さ l，曲げ剛性 EI の両端支持[*13]の長柱に圧縮荷重 P が作用する場合について考えてみよう．

図 5.3 に示すように，軸圧縮荷重を受けて柱が曲がった後のつり合い状態について考えると，柱の下端から任意の位置 x における断面には曲げモーメント $M = Py$ が生じている[*14]．これを式 (3.31) に代入すると，たわみ曲線の微分方程式は次のようになる．

[*12] たわみは荷重に比例していません．
[*13] 柱の両端が回転支持されています．
[*14] 曲げモーメントの符号は "+" です．図 5.2(c) と逆ですね．

$$\frac{d^2 y}{dx^2} + q^2 y = 0, \quad q^2 = \frac{P}{EI} \tag{5.14}$$

境界条件は，柱の両端が回転支持された両端支持であるので

$$x = 0, l \quad \text{で} \quad y = 0 \tag{5.15}$$

となる．式 (5.14) の一般解は

$$y = C_1 \sin qx + C_2 \cos qx \tag{5.16}$$

で与えられる[*15]．ここで，C_1 と C_2 は，未知定数であり，境界条件式 (5.15) から

$$C_2 = 0, \quad C_1 \sin ql = 0 \tag{5.17}$$

と決まる．$C_1 \neq 0$ であるから，$\sin ql = 0$ を満たす ql は，次のようになる．

$$ql = m\pi \quad (m = 1, 2, \ldots) \tag{5.18}$$

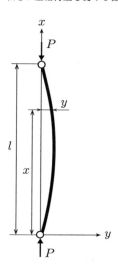

図 **5.3** 両端支持の長柱

ql は $m = 1$ のとき最小となるので，式 $(5.14)_2$ と (5.18) から，座屈荷重は

$$P_{\mathrm{cr}} = \frac{\pi^2 EI}{l^2} \tag{5.19}$$

と求まる．この柱の座屈問題は，オイラー[*16]によって求められたことから，オイラー座屈（Euler's buckling）と呼ばれ，P_{cr} をオイラーの座屈荷重（Euler's buckling load）という．長柱のたわみ y は，式 $(5.17)_1$ と式 (5.18) を式 (5.16) に代入して

$$y = C_1 \sin \frac{m\pi}{l} x \quad (m = 1, 2, \ldots) \tag{5.20}$$

となる．たわみの振幅 C_1 は求まらず，形状（モード）のみが得られる．すなわち，たわみ形状は，ただ 1 つに決まらず無数に存在する（$m = 1, 2, \ldots$）．

[*15] 特殊解は 0 です．
[*16] 数学，物理学の研究を長年続け「解析学の権化」と呼ばれていたオイラーは，応力とひずみの概念が生まれる前に座屈荷重を示しましたが，この公式が実際に注目されたのは，オイラーの時代から約 1 世紀を経た後で，石積みや木材よりはるかに薄い軟鉄が鉄道橋などに多用されてからといわれています．なお，オイラーは，私欲がなく，他人（例えば少年の競争者ラグランジュ）の業績の賞讃を惜しまなかったようです．

例題 5.1 （一端固定・他端自由のオイラー座屈）

図 5.4 に示すように，軸心に圧縮荷重 P が作用する長さ l，曲げ剛性 EI の下端固定・上端自由の長柱を考える．自由端のたわみが δ のとき，オイラーの座屈荷重を求めよ．

【解答】 下端から任意の位置 x における曲げモーメントは $M = -P(\delta - y)$ であるから，たわみ曲線の微分方程式は

$$\frac{d^2 y}{dx^2} + q^2 y = q^2 \delta, \quad q^2 = \frac{P}{EI} \tag{a}$$

境界条件は，下端で固定され，上端が自由であるので

$$x = 0 \quad \text{で} \quad y = 0, \quad \frac{dy}{dx} = 0 \tag{b}$$
$$x = l \quad \text{で} \quad y = \delta \tag{c}$$

式 (a) の一般解は

$$y = C_1 \sin qx + C_2 \cos qx + \delta$$

未知定数は境界条件式 (b) から $C_1 = 0, C_2 = -\delta$ と決まる．したがって，たわみは

$$y = \delta(1 - \cos qx)$$

上式を境界条件式 (c) に代入すると

$$\delta \cos ql = 0$$

座屈は $\delta \neq 0$ のときに生じるので[*17]，上式から座屈する条件は

$$ql = \frac{2m + 1}{2}\pi \quad (m = 0, 1, 2, \ldots) \tag{d}$$

オイラーの座屈荷重は，式 (d) に $m = 0$ を代入し，式 $(a)_2$ を用いて

$$P_{\mathrm{cr}} = \frac{\pi^2 EI}{4l^2} \tag{e}$$

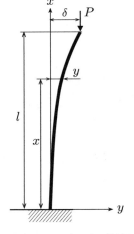

図 **5.4** 一端固定・他端自由の長柱（例題 5.1）

[*17] $\delta = 0$ のとき，座屈は起こらず，長柱は軸方向に圧縮されるだけです．

5.4 柱の設計

両端支持と一端固定・他端自由の長柱のオイラーの座屈荷重は，それぞれ式 (5.19) と例題 5.1 の式 (e) で与えられ，両者を比較すると，柱の上・下端の拘束条件（端末条件）によって異なっていることがわかる．いろいろな拘束条件下でオイラーの座屈荷重を求めると，一般に次式のように表すことができる．

$$P_{\mathrm{cr}} = n\frac{\pi^2 EI}{l^2} \tag{5.21}$$

ここで，n は端末条件係数と呼ばれ，各端末条件に対して表 5.1 のように与えられる．また，式 (5.21) を長柱の断面積 A で割ると，オイラーの座屈応力 σ_{cr} が次のように求まる．

$$\sigma_{\mathrm{cr}} = \frac{P_{\mathrm{cr}}}{A} = n\frac{\pi^2 E}{l^2(A/I)} = n\frac{\pi^2 E}{(l/k)^2} = \frac{\pi^2 E}{(l'/k)^2} = n\frac{\pi^2 E}{\lambda^2} = \frac{\pi^2 E}{(\lambda')^2} \tag{5.22}$$

ここで，k および λ は，それぞれ**断面 2 次半径**（radius of gyration of area）および**細長比**（slenderness ratio）と呼ばれ，次式で与えられる．

$$k = \sqrt{\frac{I}{A}}, \quad \lambda = \frac{l}{k} \tag{5.23}$$

また，式 (5.22) 中の l' および λ' は，それぞれ両端支持 ($n=1$) の柱と同じ座屈荷重になるように換算した柱の長さ[*18]および細長比で，l' は**座屈長さ**（buckling length）または**相当長さ**（effective length of column），λ' は**相当細長比**（effective slenderness ratio）と呼ばれ，それぞれ

$$l' = \frac{l}{\sqrt{n}}, \quad \lambda' = \frac{l'}{k} = \frac{l}{\sqrt{n}k} = \frac{\lambda}{\sqrt{n}} \tag{5.24}$$

で与えられる．式 (5.22) より，座屈応力は，断面 2 次半径 k が小さいほど，また細長比 λ が大きいほど，小さくなる．また，座屈応力は縦弾性係数 E と相当細長比 λ' だけから決まる．

[*18] 種々の端末条件に対して得られる座屈応力は，長さ l' の両端支持 ($n=1$) の柱の座屈応力と等しくなります．

第 5 章 「柱」の座屈

表 **5.1** 端末条件係数

端末条件	端末条件係数 n	相当長さ $l' = l/\sqrt{n}$
両端支持	1	l
両端固定	4	$l/2$
一端固定・他端支持	$2.046 \approx 2$	$0.7l$
一端固定・他端自由	0.25	$2l$

例題 5.2（オイラー座屈）

長さ 2 m の一端固定・他端自由の低炭素鋼製の柱がある．1 辺が 4 cm の正方形断面であるとき，座屈荷重を求めよ．ただし，縦弾性係数を $E = 206\,\mathrm{GPa}$ とする．

【解答】 一端固定・他端自由の柱の端末条件係数は表 5.1 より $n = 0.25$ であるので，オイラーの座屈荷重は式 (5.21) より

$$P_{\mathrm{cr}} = 0.25 \frac{\pi^2 EI}{l^2} = 0.25 \frac{\pi^2 \cdot 206 \times 10^9}{2^2} \cdot \frac{0.04^4}{12} = 27.1\,\mathrm{kN} \qquad \blacksquare$$

オイラーの式 (5.21) または式 (5.22) が適用できるのは，オイラーの座屈応力が材料の降伏応力よりも小さいとき，すなわち

$$\sigma_{\mathrm{cr}} < \sigma_{\mathrm{Y}} \tag{5.25}$$

を満たすときである．ここで，オイラーの式が適用できる柱の細長比の限界を求めてみよう．

式 (5.25) に式 (5.22) を代入すると，$n\pi^2 E/\lambda^2 < \sigma_{\mathrm{Y}}$ となり，λ について整理すると

$$\lambda_{\mathrm{cr}} < \lambda, \quad \lambda_{\mathrm{cr}} = \sqrt{\frac{n\pi^2 E}{\sigma_{\mathrm{Y}}}} \tag{5.26}$$

が得られ，λ_{cr} は，座屈応力 σ_{cr} が降伏応力 σ_{Y} と等しくなるときの細長比で，**限界細長比**（critical slenderness ratio）と呼ばれる．式 (5.26) を満足するとき，すなわち細長比が臨界細長比よりも大きいとき座屈が生じ，オイラーの式が適用できる．一方，$\lambda < \lambda_{\mathrm{cr}}$ となる場合は，オイラーの式が適用できない．このような細長比が小さい柱では，以下に示す実験式が提案されている．

ランキンの式
$$\sigma_{\text{ex}} = \frac{a_0}{1 + b_0 \lambda^2} \tag{5.27}$$

テトマイヤーの式
$$\sigma_{\text{ex}} = a_0(1 - b_0 \lambda) \tag{5.28}$$

ジョンソンの式
$$\sigma_{\text{ex}} = \sigma_Y \left(1 - \frac{\sigma_Y}{4\pi^2 E}\lambda^2\right) \tag{5.29}$$

ここで，a_0 と b_0 は実験により求められる定数[*19]，σ_Y は材料の圧縮降伏応力である．いずれも両端支持 ($n = 1$) に対する実験式であるので，ほかの端末条件に適用する場合には式 $(5.24)_1$ の座屈長さを用いる必要がある．表 5.2 と表 5.3 は，それぞれランキンの式とテトマイヤーの式における実験定数 a_0, b_0 の値を両端支持 ($n = 1$) の場合について示したものである．両端支持の柱について座屈の実験式とオイラーの座屈応力を比較すると，図 5.5 のようになる[*20]．

表 5.2 ランキンの式の定数（両端支持）

	軟鋼	硬鋼	鋳鉄	木材
a_0 [MPa]	333	481	549	49
b_0	1/7500	1/5000	1/1600	1/750
λ	< 90	< 85	< 80	< 60

表 5.3 テトマイヤーの式の定数（両端支持）

	軟鋼	硬鋼	鋳鉄	木材
a_0 [MPa]	304	328	760	28.7
b_0	0.0368	0.00185	0.0155	0.00662
λ	< 105	< 90	< 80	< 110

[*19] a_0 の次元は応力の次元と同じで，b_0 は無次元です．
[*20] ランキンの式による σ_{ex} は，定数 a_0 に圧縮降伏応力 σ_Y を用いると，細長比 $\lambda = 0$ で降伏応力の値（304 MPa）に一致します．

第 5 章 「柱」の座屈

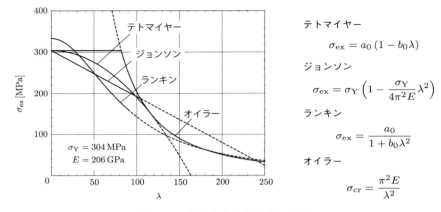

図 **5.5** 座屈応力と細長比の関係

例題 5.3 （柱の実験式）

一端固定・他端支持の角柱の木材がある．長さ $l = 2\,\mathrm{m}$ で $P = 30\,\mathrm{kN}$ の圧縮荷重を支えるとき，正方形断面の 1 辺の長さを求めよ．ただし，安全率を $S = 10$，木材の圧縮降伏応力を $\sigma_Y = 30\,\mathrm{MPa}$，ヤング率を $E = 8.8\,\mathrm{GPa}$ とし，オイラーの公式が使用できないときは，ランキンの式を用いよ．

【解答】 式 (1.23) において，基準応力 σ_r を座屈応力 σ_{cr} にとると $\sigma_d \leq \sigma_a = \sigma_{cr}/S$ となる．断面積を A として両辺に AS をかけると，$\sigma_d AS \leq \sigma_{cr} A$ となる．ここで，$\sigma_d A = P$ は荷重，$\sigma_{cr} A = P_{cr}$ は座屈荷重であるので，$SP \leq P_{cr}$ が得られる．したがって，$SP = P_{cr}$ のときに座屈が生じるものとして，オイラーの座屈応力式 (5.22) を適用すると

$$\sigma_{cr} = \frac{P_{cr}}{A} = \frac{SP}{A} = \frac{\pi^2 E}{(\lambda')^2} \tag{a}$$

正方形断面の 1 辺を a とする．$I = a^4/12$（表 3.1 参照）を考慮し，式 $(5.23)_1$，$(5.24)_2$ を用いて式 (a) を変形していくと

$$\frac{SP}{a^2} = \frac{\pi^2 E}{\left(\dfrac{l}{\sqrt{n}k}\right)^2} = \frac{\pi^2 E}{\dfrac{l^2}{\left(\sqrt{n}\sqrt{\dfrac{I}{A}}\right)^2}} = \frac{\pi^2 E}{\dfrac{l^2}{n\dfrac{a^2}{12}}} = \frac{na^2\pi^2 E}{12 l^2}, \quad \therefore a^4 = \frac{12 l^2 SP}{n\pi^2 E}$$

表 5.1 から一端固定・他端支持の端末係数は $n = 2.046$ であり，断面の 1 辺の長さ a は正の値でなければならないので

$$a = \sqrt[4]{\frac{12\,l^2 SP}{n\pi^2 E}} = \sqrt[4]{\frac{12 \cdot 2^2 \cdot 10(30 \times 10^3)}{2.046\pi^2 \cdot 8.8 \times 10^9}} = 94.88\,\text{mm}$$

一方,このときの相当細長比 λ' と限界細長比 λ_{cr} は,式 (5.24), (5.26) より

$$\lambda' = \frac{1}{\sqrt{n}}\frac{\sqrt{12}\,l}{a} = \frac{2\sqrt{12}}{\sqrt{2.046} \cdot (94.88 \times 10^{-3})} = 51.05 \tag{b}$$

$$\lambda_{\text{cr}} = \sqrt{\frac{\pi^2 E}{\sigma_Y}} = \sqrt{\frac{\pi^2 \times (8.8 \times 10^9)}{30 \times 10^6}} = 53.81 \tag{c}$$

したがって,$\lambda' > \lambda_{\text{cr}}$ を満足せず,オイラーの公式は適用できない.そこで,ランキンの式 (5.27) を適用する.

式 (1.23) から $P/A \leq (\sigma_{\text{ex}}/S)$ となるので

$$\sigma_{\text{ex}} \geq \frac{SP}{A}, \quad \therefore \frac{a_0}{1 + b_0(\lambda')^2} \geq \frac{SP}{A} \tag{d}$$

式 (5.23), (5.24) から,$(\lambda')^2 = 12l^2/(na^2)$ となるので,これを式 (d) に代入すると

$$a^4 - \left(\frac{SP}{a_0}\right)a^2 - \frac{12\,b_0 l^2}{n}\left(\frac{SP}{a_0}\right) \geq 0$$

2 次方程式の解の公式を用いて a^2 について解くと

$$a^2 \geq \frac{\dfrac{SP}{a_0} \pm \sqrt{\left(\dfrac{SP}{a_0}\right)^2 + 4\left(\dfrac{12\,b_0 l^2}{n}\right)\left(\dfrac{SP}{a_0}\right)}}{2}$$

表 5.2 から,木材は $a_0 = 49\,\text{MPa}$,$b_0 = 1/750$ であるので,数値を代入して計算すると[*21]

$$a \geq \pm \sqrt{\frac{\dfrac{SP}{a_0} \pm \sqrt{\left(\dfrac{SP}{a_0}\right)^2 + 4\left(\dfrac{12b_0 l^2}{n}\right)\left(\dfrac{SP}{a_0}\right)}}{2}} = 0.1312\,\text{m}, \quad \therefore a = 132\,\text{mm}$$

ランキンの式の適用条件(木材:$\lambda < 60$)を確認するために相当細長比を計算すると,式 (b) より

$$\lambda' = \frac{1}{\sqrt{n}}\frac{\sqrt{12}\,l}{a} = \frac{\sqrt{12} \cdot 2}{\sqrt{2.046} \times 0.13128} = 36.89$$

この値は式 (c) の限界細長比 $\lambda_{\text{cr}} = 53.81$ よりも小さく,ランキンの式が適用できることが確認された.∎

[*21] 長さですので正の実数をとります.

演習問題

5.1 軸心に圧縮荷重 P が作用する長さ l, 曲げ剛性 EI の下端固定・上端支持の長柱を考える．たわみ曲線の微分方程式を導き，座屈荷重を決定せよ．

5.2 図 5.6 に示す長さ l, 曲げ剛性 EI の下端固定・上端自由の長柱に，軸圧縮荷重 P と横荷重 Q が作用する場合の座屈荷重を求めよ．

5.3 長さ 3 m の一端固定・他端自由の柱がある．1 辺が 4 cm の正方形断面であるとき，座屈荷重を求めよ．ただし，縦弾性係数を $E = 206$ GPa とする．

5.4 長さ 2 m, 直径 4 cm の円柱と，長さ 2 m, 1 辺 4 cm の正方形断面を持つ角柱の細長比をそれぞれ求めよ．

5.5 長さ，断面積，支持条件，材料が等しい中空円柱と中実円柱がある．それぞれのオイラーの座屈荷重を P_{cr1} および P_{cr2} とするとき，それらの比 P_{cr1}/P_{cr2} を比 $m = $ 内径/外径を用いて表せ．

5.6 一端固定・他端支持の低炭素鋼製の角柱がある．長さ 2 m で 30 kN の軸圧縮荷重を支えるとき，安全率を 10 として正方形断面の 1 辺の長さを決定せよ．ただし，鋼の降伏応力を $\sigma_Y = 300$ MPa，ヤング率を $E = 206$ GPa とし，オイラーの公式が使用できないときは，テトマイヤーの式を用いよ．

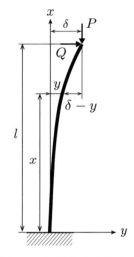

図 **5.6** 圧縮荷重と横荷重を受ける一端固定・他端自由の長柱 (演習問題 5.2)

第6章

組合せ応力

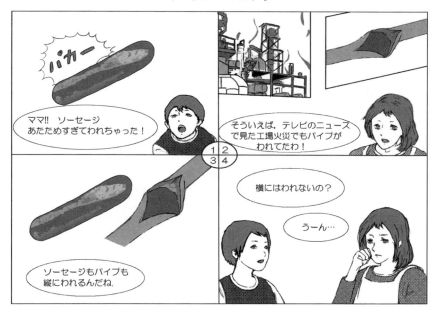

6.1 傾斜断面に生じる応力

6.1.1 単軸応力

　図 6.1(a) に示す直交座標系 O–xy において[*1]，引張荷重 P を受ける断面積 A の棒を考える．x 軸と角 θ をなす傾斜断面に生じる応力を求めてみよう．

　図 6.1(b) のような傾斜断面上の直交座標系 O–nt を用いると，x 方向に作用する引張荷重 P は傾斜断面に垂直な n 方向（法線方向）と平行な t 方向（接線

[*1] 第 3 章のはりでは，y 軸は下向きにとりましたが，ここでは上向きにとっています．

第 6 章　組合せ応力

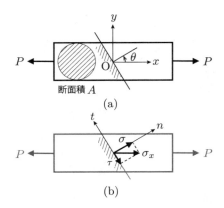

図 **6.1**　単軸応力状態における傾斜断面上の応力（例題 6.1）

方向）の 2 つの成分*²に分解でき，傾斜断面にはそれぞれ垂直力 $P\cos\theta$ とせん断力 $P\sin\theta$ が作用している．一方，傾斜断面の断面積は $A/\cos\theta$ となる．したがって，$P/A = \sigma_x$ とおくと*³，傾斜断面に作用する垂直応力 σ とせん断応力 τ は，それぞれ

$$\sigma = \frac{P\cos\theta}{A/\cos\theta} = \sigma_x \cos^2\theta = \frac{\sigma_x}{2}(1+\cos 2\theta) \tag{6.1}$$

$$\tau = -\frac{P\sin\theta}{A/\cos\theta} = -\sigma_x \sin\theta\cos\theta = -\frac{\sigma_x}{2}\sin 2\theta \tag{6.2}$$

となる*⁴．上式より，$\theta=0$ の面，すなわち x 軸に垂直な断面に作用する応力成分は $\sigma = \sigma_x$ および $\tau = 0$ となる．一方，$\theta \neq 0$ の傾斜断面には垂直応力とせん断応力が生じ，それらの大きさは断面の取り方（x 軸とのなす角 θ）に依存する．

例題 6.1 （単軸応力状態の応力円）
図 6.1 において，垂直応力 σ とせん断応力 τ が最大となる角 θ を求めよ．また，σ と τ の関係を図示し，それらの最大値を求めよ．

---

*² 本章には，応力成分という表現がよく出てきます．外力とつり合う内力（ベクトル）を互いに垂直な 2 方向に分解して考えるためです．
*³ σ_x は x 軸を法線とする面（x 面）の x 方向応力です（脚注 *9 参照）．
*⁴ 式 (1.4) の垂直応力と式 (1.5) のせん断応力の定義を再確認しましょう．

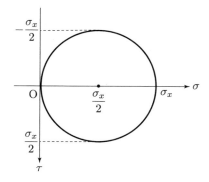

図 **6.2** 単軸応力状態の応力円（例題 6.1）

【解答】 式 (6.1) より，垂直応力 σ は $\theta = 0$ を法線に持つ面で最大値 $\sigma = \sigma_x$ をとる．一方，式 (6.2) より，せん断応力 τ は $\theta = \pi/4 = 45°$ および $3\pi/4 = 135°$ を法線に持つ面で，それぞれ最大値 $-\sigma_x/2$ および $\sigma_x/2$ をとる[*5]．

式 (6.1) と式 (6.2) から $\cos 2\theta$ と $\sin 2\theta$ を求め，$\sin^2 2\theta + \cos^2 2\theta = 1$ の関係式に代入すると，次式が得られる．

$$\left(\sigma - \frac{\sigma_x}{2}\right)^2 + \tau^2 = \left(\frac{\sigma_x}{2}\right)^2$$

これは中心が $(\sigma_x/2, 0)$，半径が $\sigma_x/2$ である円の方程式[*6]である．横軸に σ，縦軸に τ をとって上式を図示すると，図 6.2 のようになる[*7]．この図から垂直応力とせん断応力の最大値はそれぞれ σ_x および $\pm\sigma_x/2$ であることがわかる． ∎

6.1.2 平面応力

図 6.3(a) に示す直交座標系 O-xy において，複数の場所で支持された任意方向の荷重 P を受ける薄い平板を考える．この平板から任意の点 O′ を中心とした微小要素を抜き出して拡大したものを図 6.3(b) に示す[*8]．微小要素の x 軸を法線

[*5] 軟鋼の引張試験を行うと，せん断応力が最大となる 45° 方向に破壊することが多いです（1.3.2 項参照）．同じ理由から，コンクリートの圧縮試験でも約 45° 傾いた方向に破壊が生じます．
[*6] 中心 (a, b) で半径 R の円の方程式は，$(x - a)^2 + (y - b)^2 = R^2$ でしたね．
[*7] τ 軸を下向きにとります．
[*8] 応力成分の符号規約：右手直交座標系 O-xy において，図 6.3(b) のように応力成分の符号の正負を定めます．

第 6 章 組合せ応力

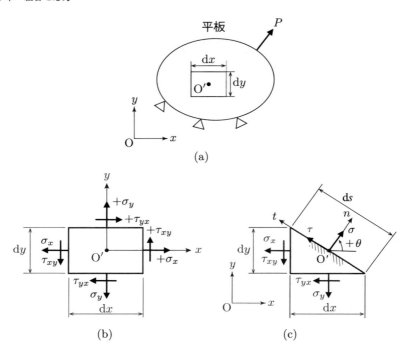

図 **6.3** 平面応力状態における傾斜断面上の応力

とする面には垂直応力[*9]σ_x とせん断応力[*10]τ_{xy} が，y 軸を法線とする面には垂直応力 σ_y とせん断応力 τ_{yx} が生じる．また，この微小要素における O′ 回りのモーメントのつり合い[*11] $2 \times [(\tau_{xy}\,dy) \times (dx/2) - (\tau_{yx}\,dx) \times (dy/2)] = 0$ から，次の共役せん断応力（conjugate shearing stress）の関係が成り立っている．

$$\tau_{xy} = \tau_{yx} \tag{6.3}$$

[*9] 本章では $\sigma_{xx} \to \sigma_x$ と表記しています．垂直応力 σ_{xx} の下付き添え字の一つ目の文字は応力の作用する面（x 面）を，二つ目の文字は応力の作用する方向（x 方向）を示しています．"xx" は「x 面における x 方向」という意味です．面の方向と作用方向が一致する応力成分を，$\sigma_{xx} \to \sigma_x$ や $\sigma_{yy} \to \sigma_y$ のように表記しています．
[*10] せん断応力の下付き添え字 "xy" は「x 面における y 方向」という意味です．
[*11] モーメントがつり合っていなければ，回転し続けます．

平板の厚さが十分に薄い場合では，面外方向の応力成分[*12]は近似的に 0 とする（無視する）ことができる．このような状態を**平面応力**（plane stress）状態という．平面応力状態では，平板の両表面とそれらに挟まれた内部の応力状態はほぼ同一であるとみなすことができるので，物体内のある 1 点に作用する独立な応力成分は 2 つの垂直応力（σ_x, σ_y）と 1 つのせん断応力 τ_{xy} となる．

図 6.3(c) のように，法線が x 軸と角 θ をなす傾斜断面に生じる応力について考えてみよう[*13]．傾斜断面の長さを ds，微小要素の厚さを $dz = 1$ とする．x 方向の力のつり合い[*14]は

$$-(\sigma_x\,dy + \tau_{yx}\,dx) + \sigma\cos\theta\,ds - \tau\sin\theta\,ds = 0 \tag{6.4}$$

で与えられ，また，y 方向の力のつり合いは

$$-(\sigma_y\,dx + \tau_{xy}\,dy) + \sigma\sin\theta\,ds + \tau\cos\theta\,ds = 0 \tag{6.5}$$

となる．ここで，$dx = ds\sin\theta$ と $dy = ds\cos\theta$ の関係および式 (6.3) を考慮し，式 (6.4) と式 (6.5) を傾斜断面上の垂直応力 σ とせん断応力 τ について解くと

$$\begin{aligned}\sigma &= \sigma_x\cos^2\theta + \sigma_y\sin^2\theta + 2\tau_{xy}\sin\theta\cos\theta \\ &= \frac{\sigma_x + \sigma_y}{2} + \frac{\sigma_x - \sigma_y}{2}\cos 2\theta + \tau_{xy}\sin 2\theta \end{aligned} \tag{6.6}$$

$$\begin{aligned}\tau &= -\sigma_x\sin\theta\cos\theta + \sigma_y\sin\theta\cos\theta + \tau_{xy}(\cos^2\theta - \sin^2\theta) \\ &= -\frac{\sigma_x - \sigma_y}{2}\sin 2\theta + \tau_{xy}\cos 2\theta \end{aligned} \tag{6.7}$$

が得られる．

例題 6.2 （平面応力状態の応力円）
図 6.3(c) において，せん断応力が 0 となる傾斜断面に作用する垂直応力 σ を求めよ．また，せん断応力 τ の極大値と極小値を求めよ．

【解答】 例題 6.1 と同様に，式 (6.6) と式 (6.7) から $\cos 2\theta$ と $\sin 2\theta$ を求め，$\sin^2 2\theta + \cos^2 2\theta = 1$ の関係式に代入すると

[*12] σ_z, τ_{xz}, τ_{yz} です．平面応力状態を数学的に定義すると，$\sigma_z = \tau_{zx} = \tau_{zy} = 0$ になります．
[*13] 応力の作用面の向き：右手直交座標系 O–nt において，図 6.3(c) のように角 θ の符号の正負を定めます．
[*14] 式 (6.4), (6.5) には，"×1（厚さ dz）" が省略されています．

第6章 組合せ応力

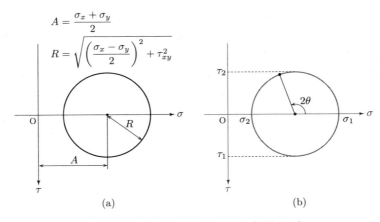

図 **6.4** 平面応力状態の応力円（例題 6.2）

$$\left(\sigma - \frac{\sigma_x + \sigma_y}{2}\right)^2 + \tau^2 = \left[\sqrt{\left(\frac{\sigma_x - \sigma_y}{2}\right)^2 + \tau_{xy}^2}\right]^2$$

これは中心が $\{(\sigma_x + \sigma_y)/2, 0\}$，半径が $\sqrt{[(\sigma_x - \sigma_y)/2]^2 + \tau_{xy}^2}$ である円の方程式となっている．横軸に σ，縦軸に τ をとって上式を図示すると，図 6.4(a) のようになる．この図から，$\tau = 0$ のときの垂直応力 σ は

$$\sigma = \frac{\sigma_x + \sigma_y}{2} \pm \sqrt{\left(\frac{\sigma_x - \sigma_y}{2}\right)^2 + \tau_{xy}^2}$$

となり，極大値または極小値をとることがわかる．また，せん断応力の極大・極小値は

$$\tau = \pm\sqrt{\left(\frac{\sigma_x - \sigma_y}{2}\right)^2 + \tau_{xy}^2}$$

∎

6.1.3 主応力と主せん断応力

設計応力として各応力成分の最大値を用いることが多いため，傾斜断面に生じる垂直応力とせん断応力の最大値を求めておくと便利である．

図 6.3(c) に示す角 θ が $0°$ から $360°$ まで変化するにつれ，応力成分 σ, τ も変化する．例題 6.2 では，せん断応力 τ が 0 となる傾斜断面の垂直応力を求めた．この値は図 6.4(a) の σ 軸と円との交点に一致する．これらの極大値 σ_1 と極小値 σ_2 は主応力（principal stress）と呼ばれ，図 6.4(b) から次式のように簡単に求

まる.

$$\begin{Bmatrix} \sigma_1 \\ \sigma_2 \end{Bmatrix} = \frac{\sigma_x + \sigma_y}{2} \pm \sqrt{\left(\frac{\sigma_x - \sigma_y}{2}\right)^2 + \tau_{xy}^2} \tag{6.8}$$

主応力が生じる面を**主応力面**(principal plane of stress),この面の法線方向を**主軸**(principal axis)という.主軸の方向 θ_n は,式 (6.6) を θ で微分して 0 とおくことで,次のように求められる.

$$\tan 2\theta_n = \frac{2\tau_{xy}}{\sigma_x - \sigma_y} \tag{6.9}$$

ここで,$\theta_n + \pi/2$ も上式を満足することから主軸は 2 つ存在し,それらは互いに直交する.すなわち,最大主応力 σ_1 と最小主応力 σ_2 は互いに直交する面に生じる垂直応力である.図 6.4(b) のように,円上に点 $(\sigma_1, 0)$ から 2θ だけ反時計回りに回転した点をとることにより,x 軸と角 $+\theta$ をなす任意の傾斜断面上に生じる応力が完全に決定されることになる[*15].

例題 6.2 では,せん断応力の極大値 τ_1 と極小値 τ_2 も求めた.これらは**主せん断応力**(principal shearing stress)と呼ばれ,図 6.4(b) を考慮して次式のように表される.

$$\begin{Bmatrix} \tau_1 \\ \tau_2 \end{Bmatrix} = \pm\sqrt{\left(\frac{\sigma_x - \sigma_y}{2}\right)^2 + \tau_{xy}^2} = \pm\frac{\sigma_1 - \sigma_2}{2} \tag{6.10}$$

大きさ $\tau_{\max} = \tau_1 = |-\tau_2|$ の主せん断応力が作用する面には,平均垂直応力 $\sigma_{\text{ave}} = (\sigma_x + \sigma_y)/2$ も同時に作用している.主せん断応力が生じる面を**主せん断応力面**(plane of principal shearing stress),この面の法線方向を**主せん断応力軸**(axis of principal shearing stress)という.主せん断応力軸の方向 θ_t は,式 (6.7) を θ で微分し,0 とおいて次のように求められる.

$$\tan 2\theta_t = -\frac{\sigma_x - \sigma_y}{2\tau_{xy}} \tag{6.11}$$

ここで,$\theta_t + \pi/2$ も上式を満足することから主せん断応力軸も 2 つ存在し,それ

[*15] 図 6.3(c) に示す角 θ が $0°$ から $180°$ まで変化すると,図 6.4(b) に示す角 2θ が $0°$ から $360°$ まで変化します.つまり,円を一周します.

らは直交する．また，式 (6.9) と式 (6.11) から $\tan 2\theta_n \tan 2\theta_t = -1$ が得られ，$2\theta_n$ と $2\theta_t$ との間には

$$\theta_t = \theta_n \pm \frac{\pi}{4} \tag{6.12}$$

の関係がある．すなわち，主せん断応力面は主応力面に対し，45°傾いている．

例題 6.3 （主応力と主せん断応力）

図 6.5 は車軸上のある点における平面応力状態を示している．次の問いに答えよ．

(i) この応力状態を主応力を用いて表せ．
(ii) この応力状態を主せん断応力を用いて表せ．

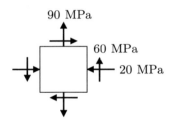

図 6.5 垂直応力とせん断応力が作用する微小要素（例題 6.3）

【解答】
(i) 図 6.3(b) の符号規約にもとづいて，平面応力状態における応力成分を書き出すと

$$\sigma_x = -20\,\text{MPa}, \quad \sigma_y = 90\,\text{MPa}, \quad \tau_{xy} = 60\,\text{MPa} \tag{a}$$

まず，式 (6.8) から

$$\begin{Bmatrix}\sigma_1\\\sigma_2\end{Bmatrix} = \frac{-20+90}{2} \pm \sqrt{\left(\frac{-20-90}{2}\right)^2 + 60^2} = 35.0 \pm 81.4$$

したがって，主応力は

$$\sigma_1 = 116\,\text{MPa}, \quad \sigma_2 = -46.4\,\text{MPa}$$

次に，式 (6.9) から θ_n を求めると

$$\tan 2\theta_n = \frac{2 \times 60}{-20-90}, \quad \therefore 2\theta_n = -47.49°, \quad \theta_n = -23.7° \tag{b}$$

$2\theta_{n1}$ と $2\theta_{n2}$ の差は $180°$ であるので，もう 1 つの θ_n は

$$\theta_n = \frac{180° + 2 \times (-23.7°)}{2} = 66.3°$$

θ の方向は，符号が x 軸から法線（n 軸）に向かって反時計回りを正と定めているので（図 6.3(c))，図 6.6(a) の左のようになる．式 (6.6) に式 (a), (b) を代入すると

$$\sigma = \frac{-20+90}{2} + \frac{-20-90}{2}\cos 2(-23.7°) + 60\sin 2(-23.7°)$$
$$= -46.4\,\text{MPa}$$

と求まるので，$\theta_{n2} = -23.7°$ に法線を持つ面に主応力 $\sigma_2 = -46.4\,\text{MPa}$ が作用していることがわかる．一方，$\theta_{n1} = 66.3°$ に法線を持つ面には主応力 $\sigma_1 = 116\,\text{MPa}$ が作用しており，応力状態は図 6.6(a) の右のように表される．

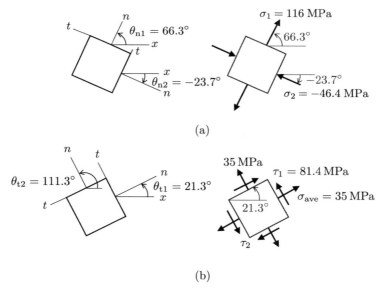

図 **6.6** 主応力と主せん断応力（例題 6.3）

(ii) 同様に，式 (6.10), (6.11) から，応力状態は図 6.6(b) のように主せん断応力 τ_1, τ_2 によって表される．また，平均応力は $\sigma_{\text{ave}} = (\sigma_x+\sigma_y)/2 = (-20+90)/2 = 35\,\text{MPa}$ となる． ∎

6.1.4 モールの応力円

例題 6.1 や 6.2 で考えたように,傾斜断面に生じる垂直応力とせん断応力は,複雑な計算をしなくても簡単な作図で容易に求めることができる.傾斜断面上の垂直応力とせん断応力を表す円を**モールの応力円**[*16] (Mohr's stress circle) という.式 (6.6) と式 (6.7) において,θ に無関係な項を左辺に移項して整理すれば,

$$\underbrace{\sigma - \frac{\sigma_x + \sigma_y}{2}}_{\theta\text{に無関係}} = \underbrace{\frac{\sigma_x - \sigma_y}{2}\cos 2\theta + \tau_{xy}\sin 2\theta}_{\theta\text{に関係}} \tag{6.13}$$

$$\underbrace{\tau}_{\theta\text{に無関係}} = \underbrace{-\frac{\sigma_x - \sigma_y}{2}\sin 2\theta + \tau_{xy}\cos 2\theta}_{\theta\text{に関係}} \tag{6.14}$$

となり,これらの両辺を 2 乗して足し合わせると

$$\left(\sigma - \frac{\sigma_x + \sigma_y}{2}\right)^2 + \tau^2 = \left(\frac{\sigma_x - \sigma_y}{2}\right)^2 + \tau_{xy}^2 \tag{6.15}$$

が得られる.既知の量 $(\sigma_x, \sigma_y, \tau_{xy})$ を用いて整理すると,中心が $(\sigma, \tau) = (\sigma_{\text{ave}}, 0)$,半径が R である円の方程式

$$(\sigma - \sigma_{\text{ave}})^2 + \tau^2 = R^2 \tag{6.16}$$

になる.ここで

$$\sigma_{\text{ave}} = \frac{\sigma_x + \sigma_y}{2}, \quad R = \sqrt{\left(\frac{\sigma_x - \sigma_y}{2}\right)^2 + \tau_{xy}^2} \tag{6.17}$$

例題 6.4(主応力と主せん断応力:モールの応力円による図式解法)
航空機の胴体のある任意の点における微小要素は,図 6.7 に示すような平面応力状態を仮定することができる.微小要素に $\sigma_x = -50\,\text{MPa}$, $\sigma_y = 10\,\text{MPa}$,

---

[*16] ドイツの鉄道建設技師だったクリスティアン・オットー・モール(1835〜1918)によって論文発表(1882 年)されました.当時は,最大ひずみが単純引張の許容ひずみを超えないように部材寸法を決めていたようですが,クーロンやモールは,破壊はせん断応力によって生じると考えていました.この円を用いることによって,破壊に関する様々な実験結果を説明できるようになったようです.

$\tau_{xy} = -30$ MPa の応力が作用しているとき,モールの応力円を描いて主応力と主せん断応力(最大せん断応力)を求めよ.また,主応力面および主せん断応力面の位置を定めよ.

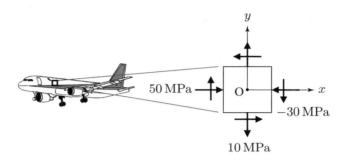

図 **6.7** 航空機胴体における平面応力状態の微小要素(例題 6.4)

【解答】 モールの応力円の中心と半径は,式 (6.17) からそれぞれ

$$\sigma_{\text{ave}} = \frac{-50+10}{2} = -20\,\text{MPa}, \quad \therefore (\sigma, \tau) = (-20,\ 0)\,[\text{MPa}]$$

$$R = \sqrt{\left(\frac{-50-10}{2}\right)^2 + (-30)^2} = 30\sqrt{2}\ \text{MPa}$$

応力円は図 6.8(a) のようになる.主応力は,σ 軸と円の交点から

$$\sigma_1 = -20 + 30\sqrt{2} = 22.4\,\text{MPa}$$
$$\sigma_2 = -20 - 30\sqrt{2} = -62.4\,\text{MPa}$$

それぞれの主応力面の位置は,図 6.8(b) を参照して

$$\tan 2\theta_{n1} = \frac{\overline{\text{BA}}}{\overline{\text{CB}}} = \frac{30}{20+10}, \quad \therefore \theta_{n1} = \frac{1}{2}\tan^{-1}\frac{30}{20+10} = 22.5°$$

$$\theta_{n2} = \frac{2 \times 22.5° - 180°}{2} = -67.5°$$

同様に,主せん断応力(最大せん断応力)τ_1 と主せん断応力面の位置はそれぞれ

$$\tau_1 = 30\sqrt{2} = 42.4\,\text{MPa}, \quad \theta_{t1} = \frac{2\theta_{n1} - 90°}{2} = -22.5°$$

第 6 章　組合せ応力

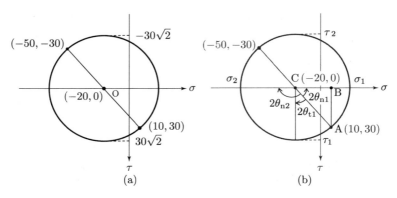

図 **6.8**　モールの応力円による図式解法（例題 6.4）

6.2　組合せ応力の問題

6.2.1　曲げとねじりを受ける丸軸

歯車やベルトで動力を伝える軸は，動力伝達に伴うねじりを受けると同時に，自重や負荷による曲げも受ける．図 6.9(a) に示すように，このような丸軸の断面には曲げモーメント M による垂直応力（曲げ応力）とねじりモーメント T によるせん断応力（ねじり応力）が生じる．このような組合せ応力を受ける軸の設計においては，脆性材料では最大主応力 σ_1 を，延性材料では最大主せん断応力 τ_1 を求めることが重要となる[*17]．

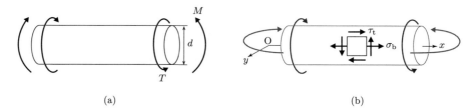

図 **6.9**　曲げとねじりを受ける丸軸

[*17] 脆性材料は，引張強さが低く，引張応力が大きく作用する面で分離破断します（チョークをねじってみましょう．破断は軸とほぼ 45° 傾いた面で生じませんか？）．一方，延性材料は，せん断変形しやすいです．様々なもの（例えば，サラミソーセージ，チーズかまぼこ，にんじん，大根）をねじって破断してみましょう．

図 6.9(b) のように,直径 d の丸軸に生じる最大曲げ応力 σ_b とねじり応力 τ_t は,それぞれ例題 3.9 と例題 4.2 から

$$\sigma_\mathrm{b} = \frac{32M}{\pi d^3}, \quad \tau_\mathrm{t} = \frac{16T}{\pi d^3} \tag{6.18}$$

となる.この組合せ応力による応力状態は

$$\sigma_x = \sigma_\mathrm{b}, \quad \sigma_y = 0, \quad \tau_{xy} = \tau_\mathrm{t} \tag{6.19}$$

となり,これらを式 (6.8) と式 (6.10) に代入すると,最大主応力 σ_1 および主せん断応力 τ_1 がそれぞれ次式のように求まる.

$$\sigma_1 = \frac{\sigma_\mathrm{b}}{2} + \sqrt{\left(\frac{\sigma_\mathrm{b}}{2}\right)^2 + \tau_\mathrm{t}^2}, \quad \tau_1 = \sqrt{\left(\frac{\sigma_\mathrm{b}}{2}\right)^2 + \tau_\mathrm{t}^2} \tag{6.20}$$

式 (6.20) に式 (6.18) を代入すると

$$\sigma_1 = \frac{16}{\pi d^3}\left(M + \sqrt{M^2 + T^2}\right) = \frac{M + \sqrt{M^2 + T^2}}{2Z} = \frac{M_\mathrm{e}}{Z} \tag{6.21}$$

$$\tau_1 = \frac{16}{\pi d^3}\sqrt{M^2 + T^2} = \frac{\sqrt{M^2 + T^2}}{Z_\mathrm{p}} = \frac{T_\mathrm{e}}{Z_\mathrm{p}} \tag{6.22}$$

が得られ,次式で表される M_e および T_e は,それぞれ**相当曲げモーメント**(equivalent bending moment)および**相当ねじりモーメント**(equivalent torsional moment)と呼ばれる.

$$M_\mathrm{e} = \frac{M + \sqrt{M^2 + T^2}}{2}, \quad T_\mathrm{e} = \sqrt{M^2 + T^2} \tag{6.23}$$

6.2.2 圧力を受ける薄肉構造物

液体や気体を貯蔵する圧力容器には,しばしば円筒形や球形のタンクが用いられる.ガスタンク,ボンベなどの円筒容器は,内径に比べて厚さが十分小さく,**薄肉円筒**(thin wall cylinder)と呼ばれている.図 6.10(a) に示すように,水,蒸気などの内圧 p を受ける半径 r,厚さ t の薄肉円筒を考える.両端から十分離れたところでは,壁面は**円周応力** σ_t(circumferential stress),**軸応力** σ_z(axial stress)および**半径応力** σ_r(radial stress)を受けるが,σ_r は σ_t,σ_z に比べて無視できるほど小さく,6.1.2 項で示した平面応力状態を仮定することができる.

第 6 章　組合せ応力

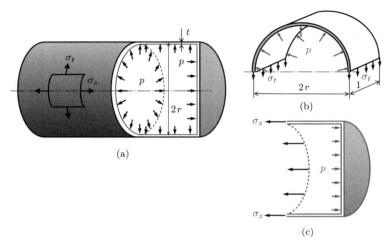

図 **6.10**　内圧を受ける薄肉円筒の応力

まず，図 6.10(b) のように円筒から軸方向に単位長さのリングを取り出し，これを 2 分した上半分について半径方向の力のつり合い[*18]を考えると

$$-(\sigma_t t) \times 1 \times 2 + p(2r) \times 1 = 0, \quad \therefore \sigma_t = \frac{pr}{t} \tag{6.24}$$

が得られる[*19]．次に，円筒軸に垂直な断面における軸方向の力のつり合いを考えると，図 6.10(c) より

$$-\sigma_z(2\pi r t) + p(\pi r^2) = 0, \quad \therefore \sigma_z = \frac{pr}{2t} \tag{6.25}$$

を得る[*20]．式 (6.24) と式 (6.25) より，薄肉円筒の応力には $\sigma_z = \sigma_t/2$ の関係があり，円筒形容器はき裂が軸方向に進んで破損することが理解できる．

6.3　3 次元の応力状態

6.3.1　3 軸応力

図 6.11 に示す直角座標系 O$-xyz$ において，体積 $\mathrm{d}x \times \mathrm{d}y \times \mathrm{d}z$，縦弾性係数 E，

[*18] ある方向の内圧の合力は，内圧と円筒の面積のその方向に対する正射影との積です．
[*19] これはパイプなどの薄肉円輪の応力と等価です．
[*20] 側壁の断面積は「長さ $2\pi r \times$ 厚さ t」として求めています．

横弾性係数 G，ポアソン比 ν の微小直方体を
考える．この左右両端面に垂直応力 σ_x のみ
が作用する場合，フックの法則 (1.21) より，
x 方向の垂直ひずみは

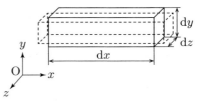

図 **6.11** 微小直方体

$$\varepsilon_x = \frac{\sigma_x}{E} \qquad (6.26)$$

で与えられる[*21]．また，x 方向の伸びは，y 方向，z 方向の縮みを伴い，垂直ひずみは，式 (1.9) を考慮して

$$\varepsilon_y = \varepsilon_z = -\nu \varepsilon_x = -\nu \frac{\sigma_x}{E} \qquad (6.27)$$

となる．同様に，垂直応力 σ_y，σ_z が単独に作用する場合にも，y，z 方向に σ_y/E，σ_z/E の垂直ひずみが生じるが，x 方向には，それぞれ $-\nu\sigma_y/E$，$-\nu\sigma_z/E$ の垂直ひずみが生じる．一方，左右両端面にせん断応力 τ_{xy} のみが作用する直方体は，フックの法則 (1.22) より，せん断ひずみ

$$\gamma_{xy} = \frac{\tau_{xy}}{G} \qquad (6.28)$$

を生じ，垂直ひずみ ε_x は生じない．同様に左右両端面にせん断応力 τ_{xz} のみが作用する場合にも垂直ひずみ ε_x は生じず，せん断ひずみ $\gamma_{xz} = \tau_{xz}/G$ のみを生じる．したがって，x 方向の垂直ひずみは σ_x/E，$-\nu\sigma_y/E$，$-\nu\sigma_z/E$ を重ね合わせることによって得られ，3 軸応力下のひずみ（$\varepsilon_x, \varepsilon_y, \varepsilon_z, \gamma_{xy}, \gamma_{yz}, \gamma_{zx}$）と応力（$\sigma_x, \sigma_y, \sigma_z, \tau_{xy}, \tau_{yz}, \tau_{zx}$）の関係は次式のように表される．

$$\left.\begin{aligned}\varepsilon_x &= \frac{1}{E}\left[\sigma_x - \nu(\sigma_y + \sigma_z)\right] \\ \varepsilon_y &= \frac{1}{E}\left[\sigma_y - \nu(\sigma_z + \sigma_x)\right] \\ \varepsilon_z &= \frac{1}{E}\left[\sigma_z - \nu(\sigma_x + \sigma_y)\right]\end{aligned}\right\}, \quad \left.\begin{aligned}\gamma_{xy} &= \frac{\tau_{xy}}{G} \\ \gamma_{yz} &= \frac{\tau_{yz}}{G} \\ \gamma_{zx} &= \frac{\tau_{zx}}{G}\end{aligned}\right\} \qquad (6.29)$$

また，応力をひずみで表すと次式のようになる．

[*21] 本章では，ひずみにも，生じる面と方向を表すために，応力と同様添え字を付けています（脚注 *9，*10 参照）．

$$\left.\begin{aligned}\sigma_x &= \frac{E}{(1+\nu)(1-2\nu)}[(1-\nu)\varepsilon_x + \nu(\varepsilon_y+\varepsilon_z)] \\ \sigma_y &= \frac{E}{(1+\nu)(1-2\nu)}[(1-\nu)\varepsilon_y + \nu(\varepsilon_z+\varepsilon_x)] \\ \sigma_z &= \frac{E}{(1+\nu)(1-2\nu)}[(1-\nu)\varepsilon_z + \nu(\varepsilon_x+\varepsilon_y)]\end{aligned}\right\}, \quad \left.\begin{aligned}\tau_{xy} &= G\gamma_{xy} \\ \tau_{yz} &= G\gamma_{yz} \\ \tau_{zx} &= G\gamma_{zx}\end{aligned}\right\} \quad (6.30)$$

6.3.2 体積弾性係数

1辺の長さ a の立方体に静水圧のように3方向から等しい値の引張応力または圧縮応力が作用する場合を考える．このとき，立方体の各辺には ε の縦ひずみが生じる．体積が V から $V+\Delta V$ に変化したときの $\Delta V/V$ を**体積ひずみ**（dilatation）といい，ε_v で表す．体積ひずみに対する応力の比は

$$K = \frac{\sigma}{\varepsilon_\mathrm{v}} = \frac{\sigma}{\Delta V/V} = \frac{\sigma}{[\{a(1+\varepsilon)\}^3 - a^3]/a^3} = \frac{\sigma}{(1+\varepsilon)^3 - 1} \quad (6.31)$$

で与えられ，K を**体積弾性係数**（bulk modulus）という．縦ひずみ ε は1に比べて十分小さいので，ε^2 以下の微小項を無視すると，式 (6.31) は

$$\frac{\sigma}{\varepsilon} = 3K \quad (6.32)$$

となる．また，式 (6.29) より

$$\varepsilon = \frac{1}{E}[\sigma - \nu(\sigma+\sigma)] = \frac{\sigma}{E}(1-2\nu), \quad \therefore \frac{\sigma}{\varepsilon} = \frac{E}{1-2\nu} \quad (6.33)$$

が得られ，上式と式 (6.32) を比較すると

$$K = \frac{E}{3(1-2\nu)} \quad (6.34)$$

の関係を導くことができる．

6.3.3 弾性定数間の関係

図 6.12(a) に示すような直交座標系 O–xy において，1辺 a の正方形要素の左右側面に引張応力 $\sigma_x = \sigma$ が，上下側面に大きさが等しい圧縮応力 $\sigma_y = -\sigma$ が作

6.3 3次元の応力状態

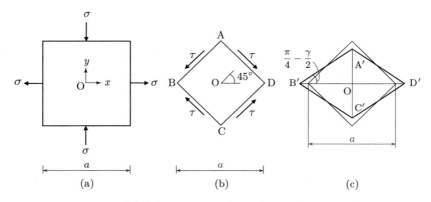

図 6.12 垂直応力によるせん断と純粋せん断によるひずみ

用している応力状態を考える．縦弾性係数を E，横弾性係数を G，ポアソン比を ν とする．

式 (6.17) より，モールの応力円は原点を中心とする半径 σ の円となる．図 6.12(b) のように，主軸方向に 45° 傾いた辺 AB，辺 BC，辺 CD，辺 DA 上にはせん断応力 τ のみが作用し，その大きさは σ に等しい[*22]．この応力状態を**純粋せん断**（pure shear）という．式 (1.22) より正方形内の要素 ABCD にはせん断応力 τ によるせん断ひずみ

$$\gamma = \frac{\tau}{G} = \frac{\sigma}{G} \tag{6.35}$$

が生じ，変形量は図 6.12(c) のように変形前後の角度の変化 $\gamma/2 \times 2$ として現れる[*23]．一方，z 方向の応力を無視すると，式 (6.29) より x 方向および y 方向の垂直ひずみはそれぞれ次のようになる．

$$\left.\begin{aligned}\varepsilon_x &= \frac{1}{E}(\sigma + \nu\sigma) = \frac{\sigma}{E}(1+\nu) \\ \varepsilon_y &= \frac{1}{E}(-\sigma - \nu\sigma) = \frac{-\sigma}{E}(1+\nu) = -\varepsilon_x\end{aligned}\right\} \tag{6.36}$$

対角線の長さの変化を考えることによって，G，E，ν の関係を求めることができる．式 (6.36) において，$\varepsilon_x = |\varepsilon_y| = \varepsilon$ とおくと，対角線 B'D' の長さに対する

[*22] モールの応力円を実際に描いてみましょう．
[*23] 式 (1.10) を思い出しましょう．

A′C′ の長さの比は

$$\frac{\overline{A'C'}}{\overline{B'D'}} = \frac{a(1-\varepsilon)}{a(1+\varepsilon)} = \frac{1-\varepsilon}{1+\varepsilon} \tag{6.37}$$

となる．一方，図 6.12(c) から次式が成り立つ．

$$\tan\left(\frac{\pi}{4}-\frac{\gamma}{2}\right) = \frac{\overline{A'O}}{\overline{B'O}} = \frac{\overline{A'C'}/2}{\overline{B'D'}/2} = \frac{\tan\frac{\pi}{4}-\tan\frac{\gamma}{2}}{1+\tan\frac{\pi}{4}\tan\frac{\gamma}{2}} = \frac{1-\frac{\gamma}{2}}{1+\frac{\gamma}{2}} \tag{6.38}$$

式 (6.37) と式 (6.38) を比較すると，垂直ひずみ ε とせん断ひずみ γ の関係

$$\varepsilon = \frac{\gamma}{2} \tag{6.39}$$

が求まる．これを式 (6.35) に代入し，式 (6.36) と比較すると，次の関係が得られる．

$$\frac{\sigma}{E}(1+\nu) = \frac{\sigma}{2G} \quad \therefore G = \frac{E}{2(1+\nu)} \tag{6.40}$$

等方性弾性体[*24]の場合，縦弾性係数 E，横弾性係数 G，ポアソン比 ν は式 (6.40) の関係で結ばれており，独立な係数は 2 つである．

演習問題

6.1 主応力 $\sigma_1 = 4.0$ MPa，$\sigma_2 = -1.6$ MPa で与えられる平面応力状態において，次の問いに答えよ．
  (a) σ_1 の作用面から時計方向に 15° 傾斜した面に作用する応力を求めよ．
  (b) 主せん断応力の値とその方向を求めよ．
  (c) 垂直応力が 0 となる面の方向とその面に作用するせん断応力を求めよ．
6.2 図 6.10 を 90 度回転させた半径 r，肉厚 t，高さ h の円筒容器を考える．水の密度 $\rho = 10^3$ kg/m^3，重力加速度 $g = 9.81$ m/s^2 として，次の問いに答えよ．
  (a) $r = 4$ m，$t = 3$ mm，容器材の許容応力 $\sigma_a = 196$ MPa のとき，容器の最大高さを求めよ．
  (b) $r = 2$ m，$h = 20$ m，容器材の降伏応力 $\sigma_Y = 240$ MPa，安全率 $S = 1.5$ のとき，最小肉厚を求めよ．

[*24] どの方向にも同じ性質を持つ弾性体のことです．木材や竹，鉄筋コンクリート，炭素繊維強化プラスチックなどは，性質が方向によって異なり，等方性弾性体ではありません．

6.3 構造部材のある一点に, $\sigma_x = 80\,\mathrm{MPa}$, $\sigma_y = 40\,\mathrm{MPa}$, $\tau_{xy} = 15\,\mathrm{MPa}$ が作用して平面応力状態にあるとき, 次の問いに答えよ.
   (a) モールの応力円を描いて, 最大および最小の主応力 (σ_1, σ_2) と主せん断応力 (τ_1, τ_2) を求めよ. また, それらが作用する面の角度 $(\theta_{n1}, \theta_{n2}, \theta_{t1}, \theta_{t2})$ を求めよ.
   (b) (a) で求めた主応力と主せん断応力の応力状態を図示せよ.

6.4 1 kNm の曲げモーメントと 2 kNm のねじりモーメントが同時に作用する鋼製丸軸の直径を求めよ. ただし, 鋼の許容引張応力を $\sigma_a = 120\,\mathrm{MPa}$, 許容せん断応力を $\tau_a = 60\,\mathrm{MPa}$ とする.

6.5 図 6.13 に示すような寸法で, 直径 30 mm の中実円形断面を有する L 字形のステンレス鋼製部材 ABC が点 A で土台に固定され, 点 C で z 軸方向に平行に集中荷重 P が作用している場合を考える. 次の問いに答えよ.
   (a) 部材の表面上の点 H ($x = 0$ mm, $y = 100$ mm, $z = 15$ mm の位置の点) における垂直応力成分 σ_x, σ_y とせん断応力成分 τ_{xy} を求めよ.
   (b) 点 H における最大主応力 σ_1 と最大せん断応力 τ_1 を求めよ. また, 最大主応力を生じる面の法線と x 軸とのなす角度 θ_{n1} を求めよ.

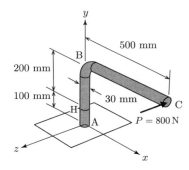

図 **6.13** L 型部材の応力
(問題 6.5)

6.6 肉厚 t が内半径 r に比べて十分小さい球形タンクに内圧 p が作用する場合を考える. タンクに生じる応力を求めよ.

第 7 章
エネルギー法

7.1 ひずみエネルギーとは？

　高校の物理では，質点や剛体の運動に対する「力とモーメントのつり合い」の考え方と双璧をなす「エネルギーの保存」の考え方を導入した．本章では，このエネルギーの概念を「弾性体（変形体）」に対して導入する．そして，第2章から第5章まで扱ってきた1次元部材の変形に関する問題に対して，エネルギー法を適用して比較的容易に解く方法を示し，説明する．

　図 7.1 に示すように，なめらかな水平面上でばね（ばね定数 k）の一端を固定し，他端に小球（質量 m）を取りつける．ばねを自然の長さから距離 x だけ伸ばし，手を離すと小球は動き出す．このときのばねの運動（単振動）を考えてみよ

7.1 ひずみエネルギーとは？

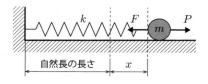

図 **7.1** ばねの運動

う．このばねの運動を支配する方程式（運動方程式）は，小球がばねから受ける力を F，小球の速度を v，時間を t とすると，次のように書ける．

$$m\frac{dv}{dt} = F = -kx \tag{7.1}$$

小球に外力 P を加えてゆっくりとばねを引き伸ばすときの力のつり合いは

$$-kx + P = 0, \quad \therefore P = kx \tag{7.2}$$

となる．この外力 P がばねを x だけ引き伸ばすまでにする仕事（力 × 距離）は

$$W = \int_0^x P(\xi)\,d\xi = \int_0^x k\,\xi\,d\xi = \frac{1}{2}kx^2 \left(=\frac{1}{2}Px\right) \tag{7.3}$$

で与えられ，この外力 P による仕事 W のすべてを，ばね自身に蓄えられたエネルギー

$$U = W = \frac{1}{2}kx^2 \left(=\frac{P^2}{2k}\right) \tag{7.4}$$

として考えることができる．この U をばねの**弾性エネルギー**という[*1]．

このばねの弾性エネルギーの考え方を弾性体に拡張してみよう．物体が外力を受けて弾性変形するとき，内部には弾性エネルギーが蓄えられる．このエネルギーを**弾性ひずみエネルギー**（elastic strain energy）という．単位は J または Nm である．また，単位体積あたりの弾性ひずみエネルギーを**弾性ひずみエネルギー密度**（elastic strain energy density）という．単位は J/m^3 または N/m^2 である．

第 2 章から第 5 章まで考えてきた 1 次元部材のそれぞれの変形モードに対する「荷重/変位」と「応力/ひずみ」の対応関係は，表 7.1 のようにまとめられる．以

[*1] 高校の物理を思い出しましょう．

表 7.1 各変形モードに対する「荷重/変位」と「応力/ひずみ」の対応関係

変形モード 応力成分	引張・圧縮 垂直応力	せん断 せん断応力	曲げ 垂直応力[*2]	ねじり せん断応力
ひずみ–変位	$\varepsilon = \dfrac{\lambda}{l}$	$\gamma = \dfrac{\lambda_s}{l}$	$\varepsilon = \dfrac{y}{\rho}$	$\gamma = \dfrac{r\varphi}{l}$
応力–荷重	$\sigma = \dfrac{P}{A}$	$\tau = \dfrac{P_s}{A}$	$\sigma = \dfrac{My}{I}$	$\tau = \dfrac{Tr}{I_p}$
応力–ひずみ	$\sigma = E\varepsilon$	$\tau = G\gamma$	$\sigma = E\varepsilon$	$\tau = G\gamma$
荷重–変位	$P = AE\dfrac{\lambda}{l}$	$P_s = AG\dfrac{\lambda_s}{l}$	$M = EI\dfrac{1}{\rho}$	$T = GI_p\dfrac{\varphi}{l}$

下では,まず各変形モードに対する弾性ひずみエネルギーを示し,その後重要なエネルギー原理について説明する.

7.2 垂直応力によるひずみエネルギー

長さ l,断面積 A,縦弾性係数 E の棒が引張荷重 P を受けるときの弾性ひずみエネルギーを求めてみよう.弾性域では,荷重 P と伸び λ の関係は,応力とひずみの関係 $(P/A) = E(\lambda/l)$ から

$$P = \left(\frac{AE}{l}\right)\lambda \tag{7.5}$$

であり[*3],図 7.2(a) に示すように直線関係になる.荷重を 0 から P まで増大させ,伸びが 0 から λ に達するまでに外力が棒にする仕事は,式 (7.3) と同様な計算を行い

$$W = \int_0^\lambda P(\xi)\,d\xi = \int_0^\lambda \left(\frac{AE}{l}\right)\xi\,d\xi = \frac{1}{2}\left(\frac{AE}{l}\right)\lambda^2 = \frac{1}{2}P\lambda \tag{7.6}$$

となる.すなわち,外力がする仕事は図 7.2(a) の三角形 OAB の面積に等しい.この仕事 W が棒に弾性ひずみエネルギー U として蓄えられる.なお本章では,

---

[*2] 曲げを受けるはりにはせん断応力も生じますが,3.3.2 項で述べたように無視できるほど小さいので,ここには示していません.

[*3] AE/l がばね定数 k に対応します.

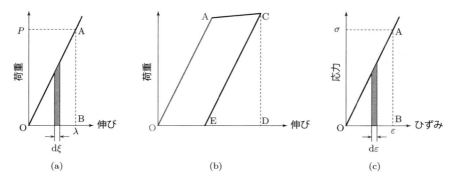

図 **7.2** ひずみエネルギーとひずみエネルギー密度

図 7.2(b) のような塑性変形時のエネルギーは対象としない[*4]．また，弾性ひずみエネルギーを単にひずみエネルギー（strain energy），弾性ひずみエネルギー密度をひずみエネルギー密度と呼ぶ．

式 (7.6) に式 (7.5) を代入し，応力と荷重の関係式 (1.4) を用いると，引張によるひずみエネルギーは次式のように表される．

$$U_\mathrm{p} = \frac{1}{2}P\lambda = \frac{P^2 l}{2AE} = \frac{Al\sigma^2}{2E} \tag{7.7}$$

単位体積あたりのひずみエネルギー，すなわちひずみエネルギー密度 $\bar{U}$ は，式 (7.7) を体積 Al で割り，フックの法則 (1.21) を用いると

$$\bar{U}_\mathrm{p} = \frac{U_\mathrm{p}}{Al} = \frac{\sigma^2}{2E} = \frac{1}{2}\sigma\varepsilon \tag{7.8}$$

で表され，図 7.2(c) に示す応力–ひずみ線図の三角形 OAB の面積に等しい．圧縮の場合についても同様である．

垂直応力 σ を生じる変形モード（引張・圧縮および曲げ）に対するひずみエネルギー密度は，垂直応力–垂直ひずみ線図の面積を求める積分

[*4] 弾性域では，外力が棒にする仕事の全てが，棒に弾性エネルギーとして蓄えられます．しかし，弾性域を超えて図 7.2(b) の点 C まで引張ったときには，仕事 W は OACD の面積に等しくなり，これがひずみエネルギー U として蓄えられます．点 C で荷重を除去すると，直線 OA にほぼ平行な直線 CE に沿って戻りますので，三角形 CED に相当する弾性エネルギーは回収されることになります．OACE に相当するひずみエネルギーは，荷重を除去しても消えず，塑性変形の際の熱エネルギーに費やされます．

$$\bar{U} = \int_0^\varepsilon \sigma \, d\varepsilon = \frac{1}{2}\sigma\varepsilon = \frac{\sigma^2}{2E} \tag{7.9}$$

によって一般的に与えられる．ひずみエネルギーは，上式を弾性体の体積 V で積分したものであるので，次のように表すことができる．

$$U = \int_V \bar{U} \, dV = \int_V \frac{\sigma^2}{2E} \, dV \tag{7.10}$$

7.2.1 引張・圧縮

式 (7.10) から，引張・圧縮によって棒に蓄えられるひずみエネルギーは，$P = \sigma A$, $\sigma = E\varepsilon = E(\lambda/l)$, $dV = A\,dx$ を用いて，次のように求められる．

$$U_\mathrm{p} = \int_0^l \frac{P^2}{2EA^2} \, dV = \int_0^l \frac{P^2}{2EA^2} A \, dx = \frac{P^2 l}{2AE} \tag{7.11}$$

> **例題 7.1**（引張・圧縮によるひずみエネルギー）
> 長さ $l = 2\,\mathrm{m}$ で 1 辺が $5\,\mathrm{cm}$ の角材を $P = 10\,\mathrm{kN}$ の力で圧縮するとき，この角材に蓄えられるひずみエネルギーを求めよ．ただし，縦弾性係数を $E = 206\,\mathrm{GPa}$ とする．

【解答】 式 (7.11) より

$$U = \frac{P^2 l}{2AE} = \frac{(10 \times 10^3)^2 \cdot 2}{2 \cdot 0.05^2 \cdot (206 \times 10^9)} = 0.194\,\mathrm{J} \qquad \blacksquare$$

7.2.2 曲げ

はりに曲げモーメント M が作用すると，はりの断面には垂直応力 σ（曲げ応力）とせん断応力 τ が生じる．はりに生じるせん断応力 τ は垂直応力 σ に比べて小さいので，はりの垂直応力 σ のみによって蓄えられるひずみエネルギー U_b を考える．式 (7.10) から，曲げによってはりに蓄えられるひずみエネルギーは，曲げ応力 $\sigma = My/I$, $dV = dA\,dx$ を用いると，次のように書ける．

$$U_\mathrm{b} = \int_V \frac{M^2 y^2}{2EI^2} \, dV = \int_0^l \frac{M^2}{2EI^2} \underbrace{\left(\int y^2 \, dA\right)}_{=I} dx = \int_0^l \frac{M^2}{2EI} \, dx \tag{7.12}$$

例題 7.2 （曲げによるひずみエネルギー）

単位長さあたりの大きさ p の等分布荷重を受ける長さ l, 曲げ剛性 EI の片持ちはりを考える．曲げによってはりに蓄えられるひずみエネルギーを求めよ．

【解答】 例題 3.4 の式 (c) から，はりの任意断面に生じる曲げモーメントは $M = -(p/2)(l-x)^2$ である．したがって，曲げによるひずみエネルギーは，式 (7.12) から

$$U_\mathrm{b} = \int_0^l \frac{M^2}{2EI}\,\mathrm{d}x = \frac{1}{2EI}\left(-\frac{p}{2}\right)^2\int_0^l (l-x)^4\,\mathrm{d}x = \frac{p^2 l^5}{40EI} \qquad \blacksquare$$

7.3 せん断応力によるひずみエネルギー

垂直応力 σ が生じる変形モードに対するひずみエネルギー密度と同様に，せん断応力 τ が生じる変形モード（せん断およびねじり）に対するひずみエネルギー密度は，せん断応力–せん断ひずみ線図の面積を求める積分

$$\bar{U} = \int_0^\gamma \tau\,\mathrm{d}\gamma = \frac{1}{2}\tau\gamma = \frac{\tau^2}{2G} \tag{7.13}$$

によって与えられる．ひずみエネルギーは，式 (7.10) と同様，次式で表せる．

$$U = \int_V \bar{U}\,\mathrm{d}V = \int_V \frac{\tau^2}{2G}\,\mathrm{d}V \tag{7.14}$$

7.3.1 せん断

底面積 A, 高さ l の直方体がせん断力 P_s を受けてずれ λ_s を生じるとき，せん断によって直方体に蓄えられるひずみエネルギーは，式 (7.14) に $P_\mathrm{s} = \tau A$, $\tau = G\gamma = G(\lambda_\mathrm{s}/l)$, $\mathrm{d}V = A\,\mathrm{d}x$ を用いて，次のように求められる．

$$U_\mathrm{s} = \int_V \frac{P_\mathrm{s}^2}{2GA^2}\,\mathrm{d}V = \int_0^l \frac{P_\mathrm{s}^2}{2GA^2}A\,\mathrm{d}x = \frac{P_\mathrm{s}^2 l}{2GA} \tag{7.15}$$

7.3.2 ねじり

軸にねじりモーメント T が作用すると，軸の断面にはせん断応力 τ が生じる．式 (7.14) から，ねじりによって単位長さあたりの軸に蓄えられるひずみエネルギーは，ねじりによるせん断応力 $\tau = Tr/I_\mathrm{p}$, $\mathrm{d}V = \mathrm{d}A\,\mathrm{d}x$ を用いて

第 7 章　エネルギー法

$$U_\mathrm{t} = \int \frac{(Tr)^2}{2GI_\mathrm{p}^2}\,\mathrm{d}V = \int_0^l \frac{T^2}{2GI_\mathrm{p}^2} \underbrace{\left(\int r^2\,\mathrm{d}A\right)}_{I_\mathrm{p}}\,\mathrm{d}x = \int_0^l \frac{T^2}{2GI_\mathrm{p}}\,\mathrm{d}x$$

$$= \frac{T^2 l}{2GI_\mathrm{p}} \tag{7.16}$$

と書ける[*5].

7.4　3軸応力によるひずみエネルギー

6.3 節で扱った 3 次元の応力状態における弾性体のひずみエネルギー密度 $\bar{U}$ は，垂直応力とせん断応力によって蓄えられるひずみエネルギー密度 $\bar{U}_1$ と $\bar{U}_2$ を足し合わせたものに等しくなり，式 (7.9) と式 (7.13) から

$$\begin{aligned}\bar{U} &= \bar{U}_1 + \bar{U}_2 \\ &= \frac{1}{2}(\sigma_x \varepsilon_x + \sigma_y \varepsilon_y + \sigma_z \varepsilon_z + \tau_{xy}\gamma_{xy} + \tau_{yz}\gamma_{yz} + \tau_{zx}\gamma_{zx})\end{aligned} \tag{7.17}$$

と書ける．また，ひずみエネルギーは，上式を体積 V で積分して，次式で表せる．

$$U = \int_V \bar{U}\,\mathrm{d}V \tag{7.18}$$

7.5　エネルギー原理

7.5.1　相反定理

相反定理とは，ある 2 点に作用する荷重とそこに生じる変位との間に相反関係があることを示したものである．以下では，2 つの集中荷重を受ける単純支持はりのたわみ（変位）に関する問題を通して，相反定理を理解していく．

例として図 7.3(a) に示すように，点 C_1 と点 C_2 にそれぞれ集中荷重 P_1, P_2 が作用する両端支持はりを考え，はりに蓄えられるひずみエネルギーを求めてみよう．エネルギー保存則より，「ひずみエネルギーは集中荷重がする仕事に等しい」ので，集中荷重 P_1 と P_2 がする仕事から求める．

3.5.2 項で述べた重ね合わせ法を利用し，「点 C_1 と点 C_2 にそれぞれ集中荷重

[*5] 式 (7.12) と異なり，T は x に依存しませんから，積分できます．

7.5 エネルギー原理

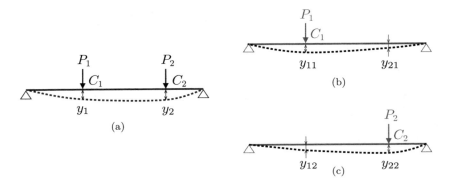

図 **7.3** 2 点に集中荷重を受ける単純支持はり

P_1, P_2 が作用する単純支持はり」を「(i) 集中荷重 P_1 だけが作用するはり」と「(ii) 集中荷重 P_2 だけが作用するはり」の和として考える．図 7.3(b) のように，集中荷重 P_1 だけが点 C_1 に作用するはりは，その荷重方向にたわみ y_{11} を，同時に点 C_2 にたわみ y_{21} を生じる．フックの法則に従うはりのたわみは，比例係数 C_{11}, C_{21} を用いて，次のように書ける．

$$y_{11} = C_{11}P_1, \quad y_{21} = C_{21}P_1 \tag{7.19}$$

一方，図 7.3(c) のように，集中荷重 P_2 だけが点 C_2 に作用するはりは，その荷重方向にたわみ y_{22} を生じ，点 C_1 にもたわみ y_{12} を生じる．たわみは，同様に比例係数 C_{12}, C_{22} を用いて

$$y_{12} = C_{12}P_2, \quad y_{22} = C_{22}P_2 \tag{7.20}$$

と表せる．したがって，重ね合わせ法により，集中荷重 P_1, P_2 の作用によって生じる点（C_1 と C_2）のたわみ y_1, y_2 は，それぞれ次式のように与えられる．

$$\left. \begin{array}{l} y_1 = y_{11} + y_{12} = C_{11}P_1 + C_{12}P_2 \\ y_2 = y_{21} + y_{22} = C_{21}P_1 + C_{22}P_2 \end{array} \right\} \tag{7.21}$$

集中荷重 P_1 によってたわみ y_{11} が生じたとき，P_1 がする仕事は，式 (7.6) に式 (7.19)$_1$ を代入し

$$\left.\begin{array}{ll}\text{点 C}_1: & \dfrac{1}{2}P_1 y_{11} = \dfrac{1}{2}P_1(C_{11}P_1) = \dfrac{C_{11}P_1^2}{2} \\ \text{点 C}_2: & P_2 \text{ は仕事をしない}\end{array}\right\} \quad (7.22)$$

となる．一方，集中荷重 P_2 によってたわみ y_{22} が生じたとき，P_2 がする仕事は $P_2 y_{22}/2$ となる．このとき，先に集中荷重 P_1 が作用している点 C_1 はその方向に y_{12} だけたわむので，P_1 は $P_1 y_{12}$ の仕事をすることになる[*6]．すなわち，P_2 がする仕事は式 (7.20) を用いれば

$$\left.\begin{array}{ll}\text{点 C}_1: & P_1 y_{12} = P_1(C_{12}P_2) = C_{12}P_1 P_2 \\ \text{点 C}_2: & \dfrac{1}{2}P_2 y_{22} = \dfrac{1}{2}P_2(C_{22}P_2) = \dfrac{C_{22}P_2^2}{2}\end{array}\right\} \quad (7.23)$$

となる．集中荷重 P_1 を作用させてから集中荷重 P_2 を作用させたときにはりに蓄えられるひずみエネルギー U は，P_1 がする仕事と P_2 がする仕事の和に等しいので，式 (7.22) と式 (7.23) を足し合わせて次のように得られる．

$$U = \frac{1}{2}P_1 y_{11} + P_1 y_{12} + \frac{1}{2}P_2 y_{22} = \frac{1}{2}(C_{11}P_1^2 + 2C_{12}P_1 P_2 + C_{22}P_2^2) \quad (7.24)$$

同様な考え方で，集中荷重 P_2 を作用させた後に集中荷重 P_1 を作用させた場合のひずみエネルギーは

$$U = \frac{1}{2}P_2 y_{22} + P_2 y_{21} + \frac{1}{2}P_1 y_{11} = \frac{1}{2}(C_{22}P_2^2 + 2C_{21}P_2 P_1 + C_{11}P_1^2) \quad (7.25)$$

となる．

ひずみエネルギーの総和は，荷重の作用する順序には無関係であるから，式 (7.24) と式 (7.25) は等しくなければならない．したがって，次の関係が成立する．

$$P_1 y_{12} = P_2 y_{21} \quad (7.26)$$

すなわち，荷重 P_1 が荷重 P_2 による変位 y_{12} に対してする仕事は，荷重 P_2 が荷重 P_1 による変位 y_{21} に対してする仕事に等しい．これをベッティの**相反定理** (Betti's reciprocal theorem) という．また，次の関係式も成立している．

$$C_{12} = C_{21} \quad (7.27)$$

[*6] 集中荷重 P_1 のする仕事を面積で考えると，三角形ではなく長方形（縦 P_1 × 横 y_{12}）になります．

式 (7.26) と式 (7.27) の関係式は，はりに限らず任意形状の弾性体でも成立する．

$P_1 = P_2 = P$ のとき，式 (7.26) より $y_{12} = y_{21}$ となる．すなわち，点 C_1 に荷重 P を作用させたときの点 C_2 の変位は，点 C_2 に荷重 P を作用させたときの点 C_1 の変位に等しい．これを**マックスウェルの相反定理**（Maxwell's reciprocal theorem）という．

例題 7.3 （相反定理）

図 7.4(a) に示すように，一端が固定され，他端が支持されている長さ l，曲げ剛性 EI のはりを考える．固定端から距離 a の位置 C に集中荷重 P が作用するとき，支点反力 R を相反定理を用いて求めよ．

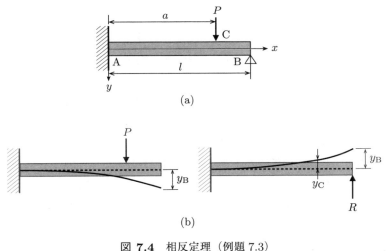

図 **7.4** 相反定理（例題 7.3）

【**解答**】 図 7.4(b) のように，支点 B がない場合の集中荷重 P による点 B のたわみを y_B とし，点 B に反力 R を作用させて y_B だけたわませる場合を考える．このときの点 C におけるたわみ y_C および点 B のたわみ y_B は，式 $(3.35)_2$ と式 $(3.36)_2$ から

$$y_C = \frac{R}{6EI}(-a^3 + 3la^2), \quad y_B = \frac{Rl^3}{3EI} \tag{a}$$

相反定理より $P y_C = R y_B$ が成立するので，上式を考慮すると，反力 R は

$$R = \frac{P y_C}{y_B} = \frac{Pa^2}{2l^2}\left(3 - \frac{a}{l}\right) \tag{b}$$

7.5.2 カスチリアノの定理

前項と同様,2つの集中荷重 P_1 と P_2 が作用する単純支持はりを考える.式 (7.24),式 (7.25) で与えられるひずみエネルギーをそれらの作用点における集中荷重 P_1, P_2 でそれぞれ偏微分し,式 (7.21) を考慮すると,

$$\frac{\partial U}{\partial P_1} = C_{11}P_1 + C_{12}P_2 = y_1, \quad \frac{\partial U}{\partial P_2} = C_{22}P_2 + C_{21}P_1 = y_2 \quad (7.28)$$

が得られ,各作用点でのたわみ y_1, y_2 が求まる.

$$\left.\begin{array}{l}\text{伸び } \lambda \\ \text{たわみ } y \\ \text{たわみ角 } \theta \\ \text{ねじれ角 } \phi\end{array}\right\} \text{変位 } \lambda = \frac{\partial U}{\partial P} \begin{array}{l}\text{ひずみエネルギー} \\ \text{荷重} \left\{\begin{array}{l}\text{力 } P \\ \text{モーメント } M, T\end{array}\right.\end{array}$$

図 7.5 カスチリアノの定理

一般に,「棒」の伸びや「はり」のたわみのように,物体内の任意の点における「変位(並進)」は,物体内のひずみエネルギーをその点に作用している「力」でその作用方向へ偏微分したものに等しい.同様に,「はり」のたわみ角や「軸」のねじれ角など,物体内の任意の点での「変位(回転)」は,ひずみエネルギーをその点に作用している「モーメント」でその作用方向へ偏微分したものに等しい.これを**カスチリアノの定理**(Castigliano's theorem)という(図 7.5).この定理を用いると,荷重の作用点における変位を容易に求めることができる[*7].

① **「棒」の引張・圧縮**　式 (7.11) の引張・圧縮によるひずみエネルギー U_p を荷重 P で偏微分し,式 (7.5) を用いて変形すると,

$$\frac{\partial U_\mathrm{p}}{\partial P} = \frac{Pl}{AE} = \lambda \quad (7.29)$$

が得られ,荷重 P によって棒に生じる伸び λ が求まる.

② **「はり」の曲げ**　式 (7.12) の曲げによるひずみエネルギー U_b を集中荷重

[*7] 荷重の作用点における変位しか求めることができず,はりのたわみ曲線のような変位分布は求まりません.

P で偏微分すると，集中荷重の作用点に生じるたわみ

$$y = \frac{\partial U_{\mathrm{b}}}{\partial P} = \frac{\partial}{\partial P}\left[\int_0^l \frac{M^2}{2EI}\mathrm{d}x\right] = \int_0^l \frac{M}{EI}\frac{\partial M}{\partial P}\mathrm{d}x \tag{7.30}$$

が求まる．一方，U_{b} をはりに作用するモーメント荷重 M_0 で偏微分すると，モーメント荷重の作用点に生じるたわみ角

$$\theta = \frac{\partial U_{\mathrm{b}}}{\partial M_0} = \int_0^l \frac{M}{EI}\left(\frac{\partial M}{\partial M_0}\right)\mathrm{d}x \tag{7.31}$$

が得られる．したがって，はりの任意の位置 x に生じる曲げモーメント M をこれらの式に代入して積分すれば，各荷重の作用点に生じるたわみ y またはたわみ角 θ が求まる．

③「軸」のねじり　　式 (7.16) のねじりによるひずみエネルギー U_{t} をねじりモーメント T で偏微分し，式 $(4.11)_2$ を用いて変形すると

$$\frac{\partial U_{\mathrm{t}}}{\partial T} = \frac{Tl}{GI_{\mathrm{p}}} = \varphi \tag{7.32}$$

のように，ねじりモーメント T によって軸に生じるねじれ角 φ が求まる．

例題 7.4（一端固定・他端自由はり）
図 3.3(a) のように，長さ l，曲げ剛性 EI の片持ちはりの自由端に集中荷重 P が作用している．自由端のたわみをカスチリアノの定理を用いて求めよ．

【解答】　曲げモーメントは式 (3.4) より $M = -P(l-x)$ であるから，これを式 (7.12) に代入すると，ひずみエネルギーは

$$U_{\mathrm{b}} = \int_0^l \frac{P^2(l-x)^2}{2EI}\mathrm{d}x = \frac{P^2 l^3}{6EI} \tag{a}$$

U_{b} を P で偏微分すると，自由端のたわみ（最大たわみ）は

$$y_{\max} = \frac{\partial U}{\partial P} = \frac{Pl^3}{3EI} \tag{b}$$

これは式 $(3.36)_2$ の $y_{\max}$ と一致している．すなわち，たわみ曲線の微分方程式を解かなくても，自由端のたわみを導くことができる．

例題 7.5 (自由端にモーメント荷重を受ける片持ちはり)

図 3.36 のような自由端にモーメント荷重 M_0 を受ける長さ l, 曲げ剛性 EI の片持ちはりを考える. 自由端のたわみをカスチリアノの定理を用いて求めよ.

【解答】 荷重が作用していない点の変位を求めるには, その点に仮想的な集中荷重を作用させ, その荷重方向の変位を計算した後に, 仮想的な集中荷重を 0 とおけばよい.

自由端に仮想的に鉛直方向下向きに集中荷重 P_0 を作用させたときの力とモーメントのつり合いは, 式 (3.1), (3.2) を考慮して

$$-R_A + P_0 = 0, \quad \therefore R_A = P_0$$
$$M_A + M_0 - P_0 l = 0, \quad \therefore M_A = -M_0 + P_0 l$$

任意の位置における曲げモーメント M は, 仮想断面回りのモーメントのつり合いから

$$M_A - R_A x + M = 0, \quad \therefore M = M_0 - P_0(l-x)$$

したがって, ひずみエネルギーは

$$U_b = \frac{1}{2}\int_0^l \frac{M^2}{EI}\,\mathrm{d}x = \frac{1}{2EI}\int_0^l [M_0 - P_0(l-x)]^2\,\mathrm{d}x$$

カスチリアノの定理より, 自由端のたわみ y_B は $P_0 = 0$ とおいて

$$y_B = \left.\frac{\partial U_b}{\partial P_0}\right|_{P_0=0} = \left\{\frac{1}{EI}\int_0^l [M_0 - P_0(l-x)]\times[-(l-x)]\,\mathrm{d}x\right\}\bigg|_{P_0=0}$$
$$= -\frac{M_0}{EI}\int_0^l (l-x)\,\mathrm{d}x = -\frac{M_0 l^2}{2EI} \quad\blacksquare$$

例題 7.6 (等分布荷重を受ける一端固定・他端支持はり)

図 3.27(a) のように, 全長に単位長さあたりの大きさ p の等分布荷重を受ける長さ l, 曲げ剛性 EI の一端固定・他端支持はり (不静定はり) を考える. 点 B の支持反力 R_B をカスチリアノの定理を用いて求めよ. また, 固定端 A の反力 R_A と反モーメント M_A を求めよ.

【解答】 任意の位置 x における曲げモーメントは, 例題 3.4 (p.44) の式 (c) と式 (3.4) より

$$M = -\frac{p(l-x)^2}{2} + R_B(l-x)$$

カスチリアノの定理より点 B におけるたわみ y_B を求め, これを 0 とおくと

$$y_{\mathrm{B}} = \frac{\partial U_b}{\partial R_{\mathrm{B}}} = \int_0^l \frac{M}{EI} \frac{\partial M}{\partial R_{\mathrm{B}}} \, \mathrm{d}x = \frac{1}{EI} \int_0^l \left[-\frac{p(l-x)^3}{2} + R_{\mathrm{B}}(l-x)^2 \right] \mathrm{d}x = 0$$

積分して

$$\frac{1}{EI}\left(-\frac{pl^4}{8} + \frac{R_{\mathrm{B}}l^3}{3}\right) = 0, \quad \therefore R_{\mathrm{B}} = \frac{3pl}{8}$$

力とモーメントのつり合いから

$$R_{\mathrm{A}} = pl - R_{\mathrm{B}} = \frac{5pl}{8}, \quad M_{\mathrm{A}} = \frac{pl^2}{2} - R_{\mathrm{B}}l = \frac{pl^2}{8}$$

∎

演習問題

7.1 図 2.1 に示す直列組合せ棒が引張荷重 P を受けるときの弾性ひずみエネルギーを求めよ．ただし，各棒の長さを l_1, l_2，断面積を $A_1 = A_2 = A$，縦弾性係数を E_1, E_2 とする．

7.2 直径 $d = 3$ cm，長さ $l = 60$ cm の中実丸軸をトルク $T = 120$ Nm でねじるとき，この軸に蓄えられる弾性ひずみエネルギーを求めよ．ただし，横弾性係数を $G = 80$ GPa とする．

7.3 図 6.9 のような曲げモーメント M とねじりモーメント T を受ける丸軸（直径 d，長さ l）の弾性ひずみエネルギーを求めよ．ただし，縦弾性係数を E，横弾性係数を G とする．

7.4 演習問題 3.2 において，自由端のたわみを相反定理を用いて求めよ．

7.5 演習問題 3.9 において，任意の位置 x におけるたわみを相反定理を用いて求めよ．

7.6 長さ l の片持はりの自由端に集中荷重 P が作用するとき，はりに蓄えられる弾性ひずみエネルギーを求めよ．また，はりの自由端におけるたわみ δ をカスチリアノの定理を用いて求めよ．

7.7 図 3.6 のように，長さ l，曲げ剛性 EI の片持はりが等分布荷重 p を受けるとき，はりの中央（$x = l/2$）におけるたわみをカスチリアノの定理を用いて求めよ．

7.8 演習問題 3.11 と 3.12 をカスチリアノの定理を用いて解け．

○さん：「材料にたまったひずみエネルギーって自然に減ったりするの？」
△博士：「ああ，するとも．このエネルギーは自分自身を崩壊する働きをもつのじゃ．」
○さん：「え？」
△博士：「材料中には，このエネルギーを使って成長する厄介なものが存在するのじゃよ．ある決まった量を使ったとたん，材料はたちまち崩壊する．」

文　献

渥美光，鈴木幸三，三ケ田賢次 著，材料力学 I，森北出版，1976.
伊藤勝悦 著，基礎から学べる材料力学，森北出版，2011.
今井康文，才本明秀，平野貞三 著，材料力学（基礎機械工学シリーズ），朝倉書店，1999.
加藤正名，阿部博之，坂真澄，倉茂道夫，伊藤耿一，進藤裕英 著，材料力学（新機械工学シリーズ），朝倉書店，1988.
J. E. ゴードン 著，石川廣三 訳，構造の世界——なぜ物体は崩れ落ちないでいられるか，丸善，1991.
志村忠夫 著，材料科学工学概論，丸善，1997.
関谷壮，角誠之助，谷村眞治，岡本正明，金岡昭治 著，最新材料力学，朝倉書店，1990.
辻知章 著，なっとくする材料力学，講談社，2002.
S. P. ティモシェンコ 著，最上武雄 監訳，川口昌宏 訳，材料力学史，鹿島出版会，2007.
中島秀人 著，ロバート・フック——ニュートンに消された男，朝日選書，1996.
日本機械学会 編，材料力学（JSME テキストシリーズ），丸善出版，2007.
日本複合材料学会複合材料活用事典編集委員会 編，複合材料活用事典，産業調査会事典出版センター，2001.
野田直剛，谷川義信，辻知章，渡辺一実，大多尾義弘，黒田充紀，石原正行 著，要説材料力学（現代理工学大系），日新出版，2004.
菱田博俊 著，わかりやすい材料学の基礎，成山堂書店，2012.
平田寛 著，図説科学・技術の歴史——ピラミッドから進化論まで 前約 3400 年–1900 年頃．上・下，朝倉書店，1985（新装版 2006）．

　より発展的な内容の学習のためには以下を参照してください：
《弾性力学》
井上達雄 著，弾性力学の基礎，日刊工業新聞社，1972.
小林繁夫，近藤恭平 著，弾性力学（工学基礎講座 7），培風館，1987.
　※上の 2 つは本書の難易度と同程度です．
村上敬宜 著，応力集中の考え方，養賢堂，2005.
《材料強度学》
東郷敬一郎 著，材料強度解析学——基礎から複合材料の強度解析まで，内田老鶴圃，2004.
横堀武夫 著，材料強度学（岩波全書）第 2 版，岩波書店，1974.

文　　献

※古い書籍であり入手しづらいかもしれませんが，興味ある読者は図書館などで探してみてください．

《塑性力学》

加藤雅治 著，入門転位論（新教科書シリーズ），裳華房，1999.

渋谷陽二 著，塑性の物理―素過程から理解する塑性力学，森北出版，2011.

村田雅人 著，弾・塑性材料の力学入門，日刊工業新聞社，1993.

《材料工学》

堀内良，金子純一，大塚正久 訳，M. F. Ashby, D. R. H. Jones 著，材料工学入門―正しい材料選択のために 増訂版，内田老鶴圃，1999.

索　引

■あ　行

圧縮応力（compressive stress）8
圧縮剛性（compressive stiffness）26
圧縮ひずみ（compressive strain）10
安全率（safety factor）19
安定（stable）90

移動支持（movable support）37

薄肉円筒（thin wall cylinder）115

永久ひずみ（permanent strain）14
円周応力（circumferential stress）115

オイラー座屈（Euler's buckling）95
応力（stress）7
応力集中（stress concentration）20
応力集中係数（stress concentration factor）20
応力振幅（stress amplitude）16
応力–ひずみ線図（stress–strain diagram）14

■か　行

回転支持（pinned support）37
外力（external force）4
加工硬化（work hardening）15
重ね合わせ法（method of superposition）67
荷重（load）4
カスチリアノの定理（Castigliano's theorem）132
片持ちはり（cantilever beam）38
上降伏点（upper yield point）14

基準強さ（standard stress）19

境界条件（boundary condition）59
共役せん断応力（conjugate shearing stress）106
極限強さ（ultimate strength）15
極断面係数（polar modulus of section）78
許容応力（allowable stress）19
許容せん断応力（allowable shearing stress）80

くびれ（necking）15

限界細長比（critical slenderness ratio）98

公称応力（nominal stress）11
公称ひずみ（nominal strain）12
降伏（yielding）14
降伏応力（yield stress）15
降伏強度（yield strength）15
降伏点（yield point）15
固定支持（fixed/clamped support）37

■さ　行

座屈（buckling）90
座屈荷重（buckling load）90
　　オイラーの――　95
座屈長さ（buckling length）97
残留ひずみ（residual strain）14

軸（shaft）73
軸応力（axial stress）115
下降伏点（lower yield point）15
収縮（contraction）9
集中荷重（concentrated load）37
主応力（principal stress）108
主応力面（principal plane of stress）109

索　引

主軸（principal axis）　109
主せん断応力（principal shearing stress）　109
主せん断応力軸（axis of principal shearing stress）　109
主せん断応力面（plane of principal shearing stress）　109
純粋せん断（pure shear）　119
純曲げ（pure bending）　48
使用応力（working stress）　19
真応力（true stress）　11
伸長比（stretch ratio）　12
真直はり（straight beam）　36
真ひずみ（true strain）　12

垂直応力（normal stress）　7
垂直ひずみ（normal strain）　9
スパン（span）　38
すべり線（slip line）　15

静荷重（static load）　5
静定はり（statically determinate beam）　38
静定問題（statically determinate problem）　28
設計応力（design stress）　19
節点（joint; node）　33
線形弾性体（linear elastic material）　17
せん断応力（shearing stress）　8
せん断弾性係数（shear modulus of elasticity）　17
せん断ひずみ（shearing strain）　10
せん断力（shearing force）　41
せん断力図（shearing force diagram: SFD）　45
線膨張係数（coefficient of linear thermal expansion）　29

相当細長比（effective slenderness ratio）　97
相当長さ（effective length of column）　97
相当ねじりモーメント（equivalent torsional moment）　115

相当曲げモーメント（equivalent bending moment）　115

■た　行
体積弾性係数（bulk modulus）　118
体積ひずみ（dilatation）　118
耐力（proof stress）　15
縦弾性係数（modulus of elasticity）　17
縦ひずみ（longitudinal strain）　9
たわみ（deflection）　58
たわみ角（angle of deflection）　58
たわみ曲線（deflection curve）　58
単純支持はり（simply supported beam）　38
弾性（elasticity）　17
弾性限度（elastic limit）　14
弾性体（elastic body）　17
弾性ひずみエネルギー（elastic strain energy）　123
弾性ひずみエネルギー密度（elastic strain energy density）　123
弾性変形（elastic deformation）　17
断面係数（section modulus）　54
断面2次極モーメント（polar moment of inertia of area）　55
断面2次半径（radius of gyration of area）　97
断面2次モーメント（moment of inertia of cross sectional area）　53

柱（column）　91
中立軸（neutral axis）　49
中立面（neutral surface）　49

動荷重（dynamic load）　5
動力（power）　81
トラス（truss）　33
トルク（torque）　73

■な　行
内力（internal force）　5

ねじり（torsion） 73
ねじり剛性（torsional rigidity） 78
ねじりモーメント（torsional/twisting moment） 75
ねじれ角（angle of torsion） 74
熱応力（thermal stress） 29
熱ひずみ（thermal strain） 29
熱膨張係数（coefficient of thermal expansion） 29

伸び（elongation） 9
伸び率（elongation percentage） 15

■は 行
破断強さ（fracture/rupture strength） 15
破断点（breaking point） 15
はり（beam） 36
半径応力（radial stress） 115

ひずみ（strain） 9
ひずみエネルギー（strain energy） 125
ひずみ硬化（strain hardening） 15
引張応力（tensile stress） 7
引張剛性（tensile stiffness） 26
引張試験（tensile test） 13
引張強さ（tensile strength） 15
引張ひずみ（tensile strain） 10
比ねじれ角（specific angle of torsion） 75
平等強さのはり（beam of uniform strength） 63
比例限度（proportional limit） 14
疲労（fatigue） 15
疲労破壊（fatigue fracture） 15

不安定（unstable） 90
不静定はり（statically indeterminate beam） 38

不静定問題（statically indeterminate problem） 29
フックの法則（Hooke's law） 17
分布荷重（distributed load） 37

平面応力（plane stress） 107
ベッティの相反定理（Betti's reciprocal theorem） 130
変位（displacement） 2
変形（deformation） 2
変形体（deformable body） 2

ポアソン比（Poisson's ratio） 10
棒（bar） 25
細長比（slenderness ratio） 97

■ま 行
曲げ応力（bending stress） 50
曲げ剛性（bending stiffness） 53
曲げモーメント（bending moment） 41
曲げモーメント荷重（bending moment load） 37
曲げモーメント図（bending moment diagram: BMD） 45
マックスウェルの相反定理（Maxwell's reciprocal theorem） 131

モールの応力円（Mohr's stress circle） 112

■や 行
ヤング率（Young's modulus） 17

横弾性係数（modulus of rigidity） 17
横ひずみ（lateral strain） 9

■ら 行
リューダース帯（Lüders band） 15

著者略歴

成田史生（なりた ふみお）

- 1969 年　青森県に生まれる
- 1998 年　東北大学大学院工学研究科博士後期課程修了
- 現　在　東北大学教授（大学院環境科学研究科先端環境創成学専攻）
　　　　　博士（工学）

森本卓也（もりもと たくや）

- 1979 年　大阪府に生まれる
- 2006 年　大阪府立大学大学院工学研究科博士後期課程修了
- 現　在　島根大学准教授（大学院自然科学研究科理工学専攻）
　　　　　博士（工学）

村澤　剛（むらさわ ごう）

- 1973 年　静岡県に生まれる
- 2002 年　静岡大学大学院工学研究科博士後期課程修了
- 現　在　山形大学教授（大学院理工学研究科機械システム工学専攻）
　　　　　博士（工学）

楽しく学ぶ 材料力学　　　　　定価はカバーに表示

2017 年 4 月 5 日　初版第 1 刷
2024 年 1 月 25 日　第 6 刷

　　　　著　者　成　田　史　生
　　　　　　　　森　本　卓　也
　　　　　　　　村　澤　　　剛
　　　　発行者　朝　倉　誠　造
　　　　発行所　株式会社 朝　倉　書　店
　　　　　　　　東京都新宿区新小川町 6-29
　　　　　　　　郵便番号　162-8707
　　　　　　　　電　話　03（3260）0141
　　　　　　　　Ｆ Ａ Ｘ　03（3260）0180
　　　　　　　　https://www.asakura.co.jp

〈検印省略〉

© 2017 〈無断複写・転載を禁ず〉　　Printed in Korea

ISBN 978-4-254-23144-1　C 3053

JCOPY ＜出版者著作権管理機構 委託出版物＞

本書の無断複写は著作権法上での例外を除き禁じられています．複写される場合は，そのつど事前に，出版者著作権管理機構（電話 03-5244-5088，FAX 03-5244-5089，e-mail: info@jcopy.or.jp）の許諾を得てください．

麻生和夫・谷　順二・長南征二・林　一夫著 新機械工学シリーズ **機　械　力　学** 23581-4 C3353　　　　　　A 5 判 200頁 本体3600円	学生の理解を容易にするために，できるだけ多くの図や例題，演習問題をとり入れたSI単位によるテキスト。〔内容〕1自由度系の振動／2自由度系の振動／多自由度系の振動／回転機械の力学／往復機械の力学／連続弾性体の振動／非線形振動
東洋大窪田佳寛・東洋大吉野　隆・東洋大望月　修著 **きづく！つながる！　機　械　工　学** 23145-8 C3053　　　　　　A 5 判 164頁 本体2500円	機械工学の教科書。情報科学・計測工学・最適化も含み，広く学べる。〔内容〕運動／エネルギー・仕事／熱／風と水流／物体周りの流れ／微小世界での運動／流れの力を制御／ネットワーク／情報の活用／構造体の強さ／工場の流れ，等
中井善一編著　三村耕司・阪上隆英・多田直哉・ 岩本　剛・田中　拓著 機械工学基礎課程 **材　料　力　学** 23792-4 C3353　　　　　　A 5 判 208頁 本体3000円	機械工学初学者のためのテキスト。〔内容〕応力とひずみ／軸力／ねじり／曲げ／はり／曲げによるたわみ／多軸応力と応力集中／エネルギー法／座屈／軸対称問題／骨組み構造（トラスとラーメン）／完全弾性体／Maximaの使い方
広島大松村幸彦・広島大遠藤琢磨編著 機械工学基礎課程 **熱　　力　　学** 23794-8 C3353　　　　　　A 5 判 224頁 本体3000円	機械系向け教科書。〔内容〕熱力学の基礎と気体サイクル（熱力学第1，第2法則，エントロピー，関係式など）／多成分系，相変化，化学反応への展開（開放系，自発的状態変化，理想気体，相・相平衡など）／エントロピーの統計的扱い
日本機械学会編　横国大森下　信著 **知って納得！　機械のしくみ** 20156-7 C3050　　　　　　A 5 判 120頁 本体1800円	どんどん便利になっていく身の回りの機械・電子機器類―洗濯機・掃除機・コピー機・タッチパネル―のしくみを図を用いてわかりやすく解説。理工系学生なら知っておきたい，子供に聞かれたら答えてあげたい，身近な機械27テーマ。
前阪大浜口智尋・阪大森　伸也著 **電　子　物　性** ―電子デバイスの基礎― 22160-2 C3055　　　　　　A 5 判 224頁 本体3200円	大学学部生・高専学生向けに，電子物性から電子デバイスまでの基礎をわかりやすく解説した教科書。近年目覚ましく発展する分野も丁寧にカバーする。章末の演習問題には解答を付け，自習用・参考書としても活用できる。
前名大赤﨑　勇編 **電気・電子材料**（新装版） 22060-5 C3054　　　　　　A 5 判 244頁 本体3400円	技術革新が進んでいる電気・電子材料について，半導体，誘電体および磁性体材料に焦点を絞り，基礎に重点をおき最新データにより解説した教科書。〔内容〕電気・電子材料の基礎物性／半導体材料／誘電・絶縁材料／磁性材料／材料評価技術
前横国大荻野俊郎著 **エッセンシャル応用物性論** 21043-9 C3050　　　　　　A 5 判 208頁 本体3200円	理工系全体向けに書かれた物性論の教科書。〔内容〕原子を結びつける力／固体の原子構造／格子振動と比熱／金属の自由電子論／エネルギーバンド理論／半導体／接合論／半導体デバイス／誘電体／光物性／磁性／ナノテクノロジー
東北大高　偉・東北大清水裕樹・東北大羽根一博・ 東北大祖山　均・東北大足立幸志著 Bilingual edition **計測工学 Measurement and Instrumentation** 20165-9 C3050　　　　　　A 5 判 200頁 本体2800円	計測工学の基礎を日本語と英語で記述。〔内容〕計測の概念／計測システムの構成と特性／計測の不確かさ／信号の変換／データ処理／変位と変形／速度と加速度／力とトルク／材料物性値／流体／温度と湿度／光／電気磁気／計測回路
岐阜高専柴田良一著 **オープンCAEで学ぶ構造解析入門** ―DEXCS-WinXistrの活用― 20164-2 C3050　　　　　　A 5 判 192頁 本体3000円	著者らによって開発されたオープンソースのシステムを用いて構造解析を学ぶ建築・機械系学生向け教科書。企業の構造解析担当者にも有益。〔内容〕構造解析の基礎理論／システムの構築／基本例題演習（弾性応力解析・弾塑性応力解析）

上記価格（税別）は 2023 年 12 月現在